JN013402

わかりやすい

# 統計学

## データサイエンス基礎

松原 望・森本栄一 著

丸善出版

# 「データサイエンス」の新しい道
## 公正と倫理も：まえがきにかえて

本書は『わかりやすい統計学』(1996年初版，2009年改訂第2版)の続編です.「わかりやすさ」をひきつぎながら新しい内容となっており，書名「データサイエンス基礎」からも統計学の「新しい本」です.

どこが新しいのでしょうか．統計学には350年以上にわたる歴史があり，決して新来のものではありません．だからこそ，だれにでもわかりやすく，ためになり面白く，人類への貢献のこれだけ長い積み重ねがあるのです．実際，今でも各方面への応用の可能性では統計学ほど広いものは他に見出すことは難しいでしょう．今この本を取って下さる皆さんも，仕事の分野や目的や期待もさまざまです．いつの時代も統計学は新しい時代のニーズにその都度応えてきました．統計学は私たちの共通資本なのです．これが「新しい」の第一の意味です.

本書はふつうのことを当たり前に書いていますが，そのスピリットはデータの意味の「公正」な読み方・利用の学びです．そのためにデータを正しく読み解く力を養ってもらいたいということです．どんなデータもただの数字の羅列ではありません．意味とは何でしょう．統計学は社会に正しく必要な情報を供給するものです．それは難しいことではなく，学んでみると統計学のあちこちに自然に公正の発想が流れていることがわかります．むしろ公正に反する扱い方がどれだけ災いとなるか例をあげましょう.

〈大本営発表への疑問(戦時)〉

—敵空母の撃沈発表隻数を合計すると保有数を超えてしまう—(例)

発表に疑念，疑問は一切許されず，反する者は捜査，検挙，送検された.

明石博隆他編『昭和特高弾圧史』立場にかかわらず多くの研究者が資料として引用

これでは戦争には勝てません．しかし，軍国主義はけしからん軍部は横暴だ非民主的だ，ということだけではことがらの表面にすぎません．実はこのことに気付き指摘したのは一少年だったといいます．当然大人も気づいていたのでしょうが，データをごまかし真実を隠すことは実際大したことではなかったのです．だから当然戦争に勝てませんでした．

かた苦しい話ですが，わずかな時間を社会観察に拝借します．メディアの新型コロナのデータ報道でもあらためてこの戦時を思い出しました．感染者数データの出所を明かさない，検査数に左右されるのに感染者数増加だけを連日報道する，制度の比較をしないまま外国データを野放図に報道する，データに死因のきめ方の基準がない(重篤肺炎 vs コロナ死)，研究者が委員会に諮らず個人の独断でデータ検証不十分な理論をメディアに提供する，自粛強制やロックダウンが憲法で容認されるのかにも沈黙(野党も)でした．この違和感に気づくは難しい方程式を解くよりも易しく，基本の態度さえ学んでいれば誰でも常識から呼び出せることでした．「公正」は，権力のメディア利用とメディアの権力利用の商業主義，あるいは権力の科学者利用と科学者の権力利用といういわゆる「科学主義」の前に敗退したのですが，それもきっかけとなって，データの公正を頭の片隅におきながらこの本を執筆しました．

最後に，データサイエンスでは AI を正面から取り上げる期待もあることは承知し，むしろ重要と考えています．

人間では限られた時間で，膨大なデータの処理とその結果に基づく瞬時の判断は AI には適いません．しかしその一方で，データの意味している内容や，クリエイティブな発想などは AI では理解できずに，人間にしかできません．

この本にある統計学，データサイエンスは数学だけではありません．むしろ，実際のデータに触れながら，データは何を表しているのか，出てきた結果の背後にはどのような関係が存在するのか，実際の内容に即して，出てきた結果を正しく理解し，読み解いていくことが目的です．

実装を別とすれば，AI の基礎は大部分 IT，さらには統計学ですから，本書程度のイロハも知らずに AI を学んでも指先クリックの学びだけで職も長続きしません．ですが，AIと呼ばれる機械学習については，刊行予定の続刊「データサイエンス応用」でScikit-Learn（サイキット・ラーン），TensorFlow（テンソルフロー）を用いわかりやすく説明しますから，期待して下さい．

なお，念のため筆者は，人はAIについて主人であり続けられると考えています．哲学的問題ですが，哲学者サルトルとは違ったやり方でコップの水で説明します．写真のコップについてAIがいえることは

① コップには半分の水が入っている

② コップにはまだ水が半分も残っている

③ コップにはもう水は半分しか残っていない

のうち①だけで，②と③にはAIが本人の人生態度を知らなくてはなりません．それは本人を囲む外の全世界および世界と本人の感情関係を述べることになりますが，全世界をAIがことごとく知り解釈することだけでも，常識で見積もって（SF的以外では）不可能と思われます．そこは皆さんがAIに指令を出すことになりますが，そのためには皆さんこそ，①のデータを②か③のどちらかに解釈することになるのではありませんか．

2021年9月吉日　　　　松原　望

コップとAI

【参考文献】

松原望『ベイズの誓い―ベイズ統計学はAIの夢を見る』聖学院大学出版会，2018
鹿取廣人他編『心理学 第5版補訂版』東京大学出版会，2020

# 目　次

〔イラスト作成：小林直子〕

## 『わかりやすい統計学　データサイエンス応用』
## 目次(予定)

# 序章*

## データを読もう

### これから未知の時代を生き抜くレジリエンスを

ここにお示ししたデータは社会のいろいろな側面をそれぞれ表したデータで(一部は図になっています)，完全なものではありませんが，まずこの目で見て下さい．最初は少しずつ眺めるだけでも有意義で，むずかしい点があれば飛ばしてもかまいません．データに対する姿勢もできてきます．まずデータを読む力，それが身につきます．そのために，解説は後にしてあります．

統計学は計算だ，数学だ，デジタルだ，という方法は必要ですが，この後にしましょう．まず，データを読み公正で確かな判断の主人公として，未知の時代を生きぬく発展力(レジリエンス)をたくわえましょう．統計学を教える大学や高校のすべての先生方も今その気概を持って役割をはたしてほしいものです．

データを見るときの極意は次のようです．

① むずかしい問題やパズルを解くとか隠されている発見をするとか，データに対して緊張して構えないこと．データは「問題」ではなく，唯一の「答」はないので気は楽である．何の情報も含まないデータもあるので自信を失ったりしない．

② データ数字は全体として情報を持つので，領収書の数字や自分の成績点数のように一つひとつの数字にみいることはせず(たいていのデータは自分と直接関係ない)，まずは視線を前後左右に動かし全体を「絵」の感覚で眺める要領でよい．よい例は全国天気予報の気温データである．常識の範囲内で二，三の傾向は見てすぐつかめるから，それが「データを読む」

* データ収集，編集，解説原案は森本栄一が担当．

ことになる．おおむねデータ読みの極意はこの程度である．

③　注意力をアップして眺めていれば，多少は詳しいことも見えてくる．何か知っている知識があれば，それをもとに「データナビ」の探検の面白さも出てくるし，仲間からも重んじられる．

この序章はその演習で，むずかしいことを考えずまずは眺めてください．最初は「フーン，よくわからないけれど何かあるらしい」でいいです．各方面をとりそろえましたが，日常の常識で読めます．ヒントもつけ，かんたんなお尋ねもしています．ピアノ練習のように進度のコースを３段階つけましたが，第2までが標準でしょう．【解説】は巻末にしましたが，これは「正解」でありません．なお計算は初歩のExcelで十分です．

統計データから客観的事実を求めることにより生活，仕事，職業の上で，確かな手応えを得ることができます．いま社会は大きく動いていると感じますが，実はそれどころか，社会や経済を動かす力は皆さんの方にある．皆さんの意識や行動が変わることで結果として変わっていく．そのメカニズムを知りきちんと統計データによってつかんでおけば，何も動じることはありません．専門家の言うことをウのみにせず，批判精神をもって自分で判断する時代です．

ユーザーからも厳しい注文が寄せられていますので，紹介しておきます．

—ビッグデータの取り扱いは大規模なコンピュータやソフトウェアさえあれば困難ではないが，問題はその結果の解釈である．結果の解釈が正しく行われるには，そのデータの生成過程やメカニズム，さらにはデータ解析の論理や詳しい意味を理解していなければならない．

残念ながら日本では，コンピュータ，ソフトウェア，解析結果そのものに注目が集まり，結果の解釈の正当性を支える論理の把握が不足していることが多いように思われる．外来の科学や知識をそのまま取り入れたことの弊害であろうか．—

ある医学部教授(ゲノム情報学)

種はどれほど小さくともいいが，種が成長できる土壌がなければいつまでも大木にはなれません.

本書で取り上げる実際のデータは，すべてWEBサイト「QMSS＋」に掲載されています.

☞ QMSS＋　https://www.bayesco.org/top

ホームページからダウンロードしていただき，実習・演習・自習できるようになっています．またデータだけではなく，統計学・データサイエンスに関するテキスト・教材，関連するリンク集など多数搭載しています.

なお，これとつながっている姉妹サイト

QMSS　https://qmss.ne.jp/portal/

には，本書掲載データ，本書で取り上げた以外の経済・経営，マーケティング，社会・世論調査，国際データなどの文科系のデータから，環境，医学・薬学・看護学，生物学など理科系のデータまで幅広く多数搭載しています.

# 【練習（必修，選択）・研究用データリスト】

**必修データ**

データＡ：長引く日本の「デフレ」

データＢ：日頃の生活からⅠ：3か月間で最もよく利用したファンデーションのブランド

データＣ：日頃の生活からⅡ：3か月間で最もよく食べたアイスクリーム

データＤ：日頃の生活からⅢ：3か月間で最もよく使用した解熱・鎮痛剤

データＥ：首都圏の鉄道交通の中心山手線に見る変化

**選択データ**

データＦ：ワイン有名銘柄の成分データがわかる

データＧ：大気中二酸化炭素濃度の変動と地球温暖化

データＨ：社会調査の質問票の実例（定型2通り）

データＩ：適切なデータを意思決定支援のエビデンスとして利活用

**研究データ**

データＪ：テストで能力がわかるか

データＫ：日本における自動車関連産業の業績の重さ

データＬ：安倍内閣支持 vs 共産党投票の決定要因重視度（比較）

データＭ：粉飾決算データを統計的に検討する（大手電機メーカー）

以下，補充予定（HP 参照）

☞ QMSS＋　https://www.bayesco.org/top

## 〔必修〕データA：長引く日本の「デフレ」

物価の総合指標（家計，生産活動の2指数及びデフレータ）が物価の長期停滞，経済の低迷を示す

表 序-1　物価の総合指標

消費者物価指数（前年比%）

| 類・品物 | 総合 | 生鮮食品を除く総合 | 食料（酒類を除く）及びエネルギーを除く総合 |
|---|---|---|---|
| ウェート | 1000 | 9604 | 6828 |
| 1971 | 6.3 | 6.6 | 6.7 |
| 1972 | 4.9 | 5.3 | 5.6 |
| 1973 | 11.7 | 11.4 | 10.9 |
| 1974 | 23.2 | 22.5 | 19.4 |
| 1975 | 11.7 | 11.9 | 10.7 |
| 1976 | 9.4 | 9.0 | 9.8 |
| 1977 | 8.1 | 9.1 | 8.9 |
| 1978 | 4.2 | 4.4 | 5.4 |
| 1979 | 3.7 | 3.7 | 4.4 |
| 1980 | 7.7 | 7.5 | 6.5 |
| 1981 | 4.9 | 4.8 | 4.6 |
| 1982 | 2.8 | 3.1 | 3.2 |
| 1983 | 1.9 | 1.9 | 2.5 |
| 1984 | 2.3 | 2.1 | 2.6 |
| 1985 | 2.0 | 2.0 | 2.7 |
| 1986 | 0.6 | 0.8 | 1.9 |
| 1987 | 0.1 | 0.3 | 1.5 |
| 1988 | 0.7 | 0.4 | 1.1 |
| 1989 | 2.3 | 2.4 | 2.5 |
| 1990 | 3.1 | 2.7 | 2.6 |
| 1991 | 3.3 | 2.9 | 2.6 |
| 1992 | 1.6 | 2.2 | 2.5 |
| 1993 | 1.3 | 1.3 | 1.4 |
| 1994 | 0.7 | 0.8 | 0.8 |
| 1995 | −0.1 | 0.0 | −0.1 |
| 1996 | 0.1 | 0.2 | 0.5 |
| 1997 | 1.8 | 1.7 | 1.6 |
| 1998 | 0.6 | 0.3 | 0.7 |
| 1999 | −0.3 | 0.0 | −0.1 |
| 2000 | −0.7 | −0.4 | −0.4 |
| 2001 | −0.7 | −0.8 | −0.9 |
| 2002 | −0.9 | −0.9 | −0.8 |
| 2003 | −0.3 | −0.3 | −0.3 |
| 2004 | 0.0 | −0.1 | −0.6 |
| 2005 | −0.3 | −0.1 | −0.4 |
| 2006 | 0.3 | 0.1 | −0.4 |
| 2007 | 0.0 | 0.0 | −0.3 |
| 2008 | 1.4 | 1.5 | 0.0 |
| 2009 | −1.4 | −1.3 | −0.7 |
| 2010 | −0.7 | −1.0 | −1.2 |
| 2011 | −0.3 | −0.3 | −0.1 |

注）2010年基準（総務省）

国内企業物価指数，GDPデフレーター

| 年 | 国内企業物価指数（総平均，前年比%） | GDPデフレーター（前年比%） |
|---|---|---|
| 1970 | 3.4 | 6.9 |
| 1971 | −0.8 | 5.4 |
| 1972 | 1.6 | 5.6 |
| 1973 | 15.6 | 12.7 |
| 1974 | 27.9 | 20.8 |
| 1975 | 2.9 | 7.2 |
| 1976 | 5.5 | 8.0 |
| 1977 | 3.4 | 6.7 |
| 1978 | −0.5 | 4.6 |
| 1979 | 5.0 | 2.8 |
| 1980 | 15.0 | 5.4 |
| 1981 | 1.5 | 4.1 |
| 1982 | 0.5 | 1.8 |
| 1983 | −0.7 | 1.8 |
| 1984 | 0.1 | 2.6 |
| 1985 | −0.8 | 2.1 |
| 1986 | −4.7 | 1.7 |
| 1987 | −3.1 | 0.1 |
| 1988 | −0.5 | 0.7 |
| 1989 | 1.9 | 2.0 |
| 1990 | 1.5 | 2.3 |
| 1991 | 1.0 | 2.7 |
| 1992 | −0.9 | 1.7 |
| 1993 | −1.5 | 0.6 |
| 1994 | −1.6 | 0.2 |
| 1995 | −0.8 | −0.7 |
| 1996 | −1.6 | −0.6 |
| 1997 | 0.7 | 0.6 |
| 1998 | −1.6 | −0.6 |
| 1999 | −1.4 | −1.3 |
| 2000 | 0.1 | −1.2 |
| 2001 | −2.3 | −1.2 |
| 2002 | −2.1 | −1.6 |
| 2003 | −0.8 | −1.7 |
| 2004 | 1.2 | −1.4 |
| 2005 | 1.7 | −1.3 |
| 2006 | 2.2 | −1.1 |
| 2007 | 1.8 | −0.9 |
| 2008 | 4.6 | −1.3 |
| 2009 | −5.2 | −0.5 |
| 2010 | −0.1 | −2.2 |
| 2011 | 2.1 | −2.1 |

注）国内企業物価指数は2005年基準（日本銀行）．GDPデフレーターは，1994年までは1990年基準，95年より2005年基準（内閣府）

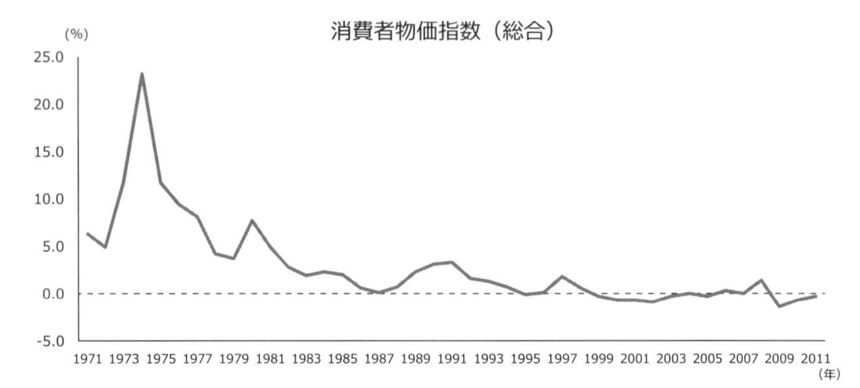


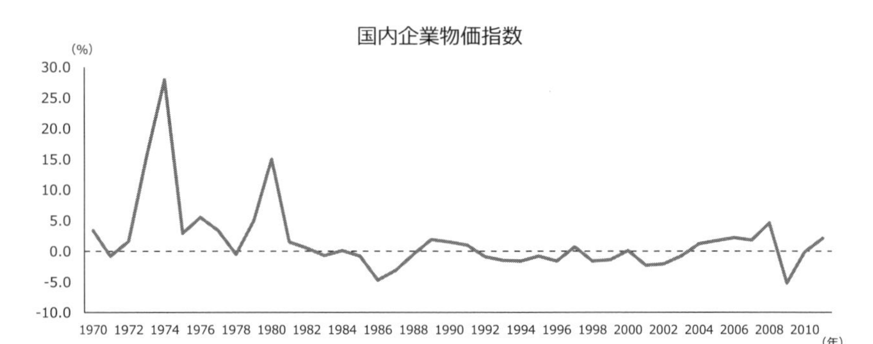


図 序-1　主要物価指数の折線時系列グラフ

【演習】　よく，日本は長期にわたって「デフレ」に陥っているとか，デフレは「日本の慢性病」とかいわれます．「不況」とどこが違うのでしょうか．でも，経済データの上で「好況」になってもデフレということはありますし，実際もありました．ことばの正確な使い方では，「デフレ」とはモノの価格が継続的に下落すること，言い換えるとモノが大幅に売れ残ることです(価格が下がるイコールいいことではありません．むしろ逆です)．いうまでもなく，企業活動は不振，家計(私たちの生活)は収入の低下に苦しみます．

○　2001 年 3 月 16 日に「デフレ宣言」が出ましたが，過去 2 年 1999，2000 年の消費者物価指数(CPI)変化はいくつでしょうか．

○　次の 2 つの年代それぞれにつき，3 物価指標のグラフを作成しましょう．

1997-2001 年*金融危機と深刻な不況

2002-07 年**実感なき景気回復とデフレ脱却の模索

*アジア通貨危機・大手金融機関破綻，マイナス成長，IT バブル崩壊

**金融再生始動，CPI 下げ止まり傾向，世界経済成長，原油価格上昇，CPI ドラマ，食料国際価格上昇

☞ QMSS＋　https://www.bayesco.org/top

## 〔必修〕 データＢ：日頃の生活からⅠ：3か月間で最もよく利用したファンデーションのブランド

表 序-2　（この3か月間で）使用したファンデーションの中で一番よくお使いになったもの

| | CF | PV | CB | CD | MG | IG | RK | EP | LD | MD | CM | BB | SZ | KJ | 計 |
|---|---|---|---|---|---|---|---|---|---|---|---|---|---|---|---|
| 女性全体(n＝1,367) | 17.0 | 10.4 | 10.2 | 10.0 | 9.4 | 5.2 | 5.0 | 4.9 | 4.9 | 4.7 | 4.7 | 4.7 | 4.7 | 4.2 | 100.0 |
| 10代(n＝254) | 14.8 | 3.7 | 3.7 | 7.4 | 3.7 | 7.4 | 0.0 | 3.7 | 0.0 | 0.0 | 37.0 | 0.0 | 3.7 | 14.8 | 100.0 |
| 20代(n＝401) | 12.2 | 5.2 | 4.3 | 5.2 | 9.6 | 9.6 | 7.8 | 2.6 | 7.0 | 0.9 | 13.0 | 4.3 | 8.7 | 9.6 | 100.0 |
| 30代(n＝524) | 12.4 | 13.1 | 8.5 | 11.8 | 15.0 | 4.6 | 9.2 | 5.2 | 2.6 | 3.3 | 0.7 | 3.3 | 5.9 | 4.6 | 100.0 |
| 40代(n＝614) | 18.8 | 16.3 | 11.3 | 11.3 | 10.6 | 3.8 | 2.5 | 4.4 | 3.8 | 5.6 | 0.6 | 5.0 | 3.8 | 2.5 | 100.0 |
| 50代(n＝398) | 19.5 | 6.9 | 14.9 | 12.6 | 3.4 | 2.3 | 3.4 | 5.7 | 12.6 | 5.7 | 2.3 | 6.9 | 3.4 | 0.0 | 100.0 |
| 60代(n＝429) | 28.0 | 6.7 | 17.3 | 9.3 | 4.0 | 5.3 | 1.3 | 8.0 | 1.3 | 12.0 | 0.0 | 6.7 | 0.0 | 0.0 | 100.0 |

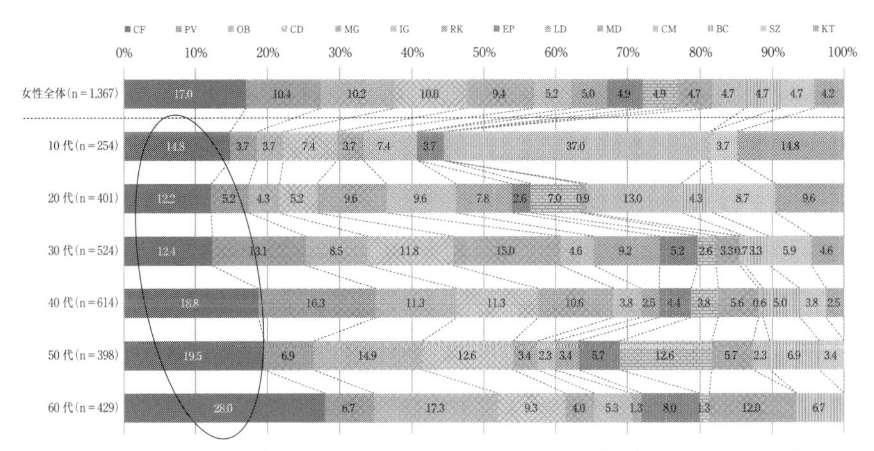


図 序-2　（この3か月間で）使用したファンデーションの中で一番よくお使いになったもの

表 序-3　ファンデーションの特化係数

| | CF | PV | CB | CD | MG | IG | RK | EP | LD | CM | CM | BC |
|---|---|---|---|---|---|---|---|---|---|---|---|---|
| 女性全体(n＝1,367) | 1.0 | 1.0 | 1.0 | 1.0 | 1.0 | 1.0 | 1.0 | 1.0 | 1.0 | 1.0 | 1.0 | 1.0 |
| 10代(n＝254) | 0.9 | 0.4 | 0.4 | 0.7 | 0.4 | 1.4 | 0.0 | 0.8 | 0.0 | 0.0 | 7.9 | 0.0 |
| 20代(n＝401) | 0.7 | 0.5 | 0.4 | 0.5 | 1.0 | 1.8 | 1.6 | 0.5 | 1.4 | 0.2 | 2.8 | 0.9 |
| 30代(n＝524) | 0.7 | 1.3 | 0.8 | 1.2 | 1.6 | 0.9 | 1.8 | 1.1 | 0.5 | 0.7 | 0.1 | 0.7 |
| 40代(n＝614) | 1.1 | 1.6 | 1.1 | 1.1 | 1.1 | 0.7 | 0.5 | 0.9 | 0.8 | 1.2 | 0.1 | 1.1 |
| 50代(n＝398) | 1.1 | 0.7 | 1.5 | 1.3 | 0.4 | 0.4 | 0.7 | 1.2 | 2.6 | 1.2 | 0.5 | 1.5 |
| 60代(n＝429) | 1.6 | 0.6 | 1.7 | 0.9 | 0.4 | 1.0 | 0.3 | 1.6 | 0.3 | 2.6 | 0.0 | 1.4 |

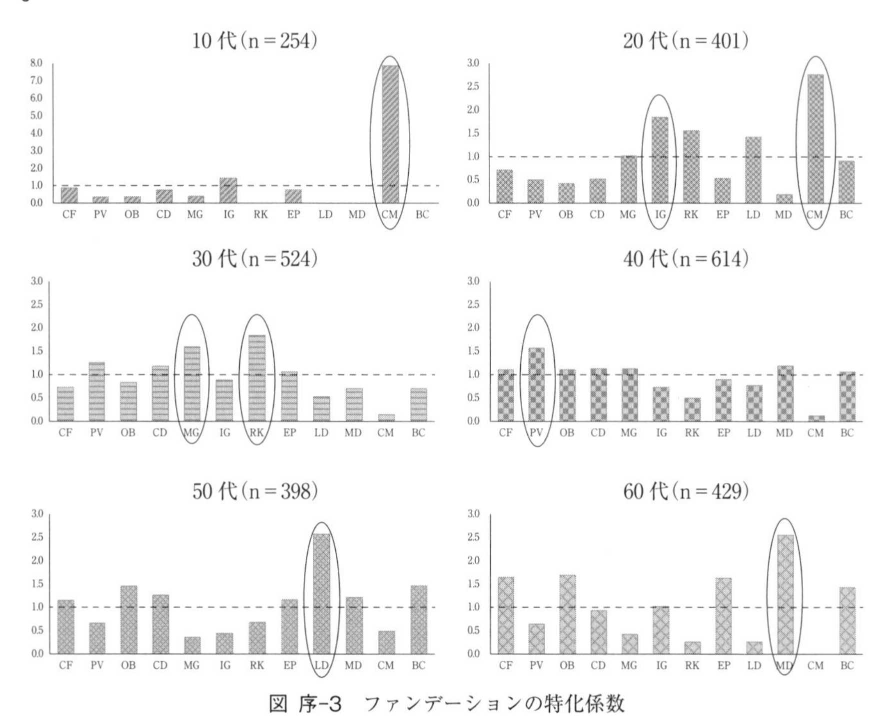


図 序-3　ファンデーションの特化係数

【演習】「特化係数」という方法がマーケティングにも役立ちます．全然むずかしくありません．人口のある部分(たとえば年齢で)での割合(%)を全体での割合(%)で割り算したのが，その部分での「特化係数」です．こういうことです．全体的に見てシェアの小さい銘柄でも(たとえば5%)，ある世代ではそこまでは小さくなく10%とすれば，特化係数は2.0となります．逆に，全世代ではトップで40%のシェアを誇る銘柄もその世代では30%のシェアに落ちていればその銘柄の特化係数は30/40=0.75です．

この女性ファンデーションのデータは実データですが，銘柄名は仮名です．

○　シェア(%)から若い世代30歳代，高齢を迎える60歳代の特化係数を見てください．それぞれで，特化係数が大きい銘柄は何ですか．

○　銘柄ごとに1.0を越える特化係数に対し1.0を越える分(1.4なら0.4)を求め，それを加えてください．これを「特殊化係数」といいます．

**例**：1.2，0.9，1.3，0.8，1.1ならば，0.2+0.3+0.1=0.6→特殊化係数

各銘柄の特殊化係数を求めて下さい．特殊化係数の最も大きい銘柄は何ですか．

☞ QMSS＋　https://www.bayesco.org/top

## 〔必修〕データC：日頃の生活からⅡ：3か月間で最もよく食べたアイスクリーム

表 序-4　(この3か月間で)食べたアイスクリームの中で，一番よくお食べになったもの

| | HD | SC | CM | GK | PM | PK | PN | MW | AB | AI | TO | GC | YD | 計 |
|---|---|---|---|---|---|---|---|---|---|---|---|---|---|---|
| 全体(n＝2,620) | 17.8 | 17.2 | 13.5 | 8.3 | 7.2 | 6.8 | 5.0 | 5.0 | 4.9 | 4.5 | 3.5 | 3.2 | 3.1 | 100.0 |
| 男性(n＝1,253) | 15.1 | 19.6 | 15.0 | 10.7 | 6.1 | 5.3 | 4.9 | 3.9 | 5.4 | 4.9 | 2.6 | 3.0 | 3.4 | 100.0 |
| 女性(n＝1,367) | 20.3 | 15.0 | 12.2 | 6.1 | 8.2 | 8.0 | 5.2 | 6.0 | 4.4 | 4.0 | 4.4 | 3.4 | 2.7 | 100.0 |
| 10代(n＝254) | 7.1 | 25.2 | 10.6 | 9.1 | 3.5 | 11.4 | 7.9 | 6.7 | 1.2 | 6.3 | 3.5 | 3.1 | 4.3 | 100.0 |
| 20代(n＝401) | 16.2 | 23.4 | 8.5 | 9.2 | 8.0 | 9.2 | 4.5 | 5.0 | 2.2 | 4.2 | 4.2 | 2.2 | 3.0 | 100.0 |
| 30代(n＝524) | 16.0 | 17.0 | 12.2 | 9.9 | 6.5 | 9.2 | 5.0 | 6.1 | 2.3 | 2.3 | 5.0 | 3.6 | 5.0 | 100.0 |
| 40代(n＝614) | 16.1 | 15.3 | 14.8 | 9.6 | 8.1 | 7.3 | 6.4 | 3.9 | 4.2 | 3.9 | 4.4 | 2.8 | 3.1 | 100.0 |
| 50代(n＝398) | 24.6 | 16.8 | 15.8 | 5.8 | 7.5 | 2.3 | 4.5 | 5.8 | 5.8 | 4.3 | 1.5 | 4.8 | 0.5 | 100.0 |
| 60代(n＝429) | 24.0 | 9.8 | 17.7 | 5.4 | 7.9 | 2.1 | 2.6 | 3.5 | 12.8 | 7.2 | 1.9 | 2.8 | 2.3 | 100.0 |

男女全体で，3か月で食べた商品のうち，一番よく食べた(1つ)と答えた数が80以上のブランド(その他，不明を除く)，10代は12歳〜

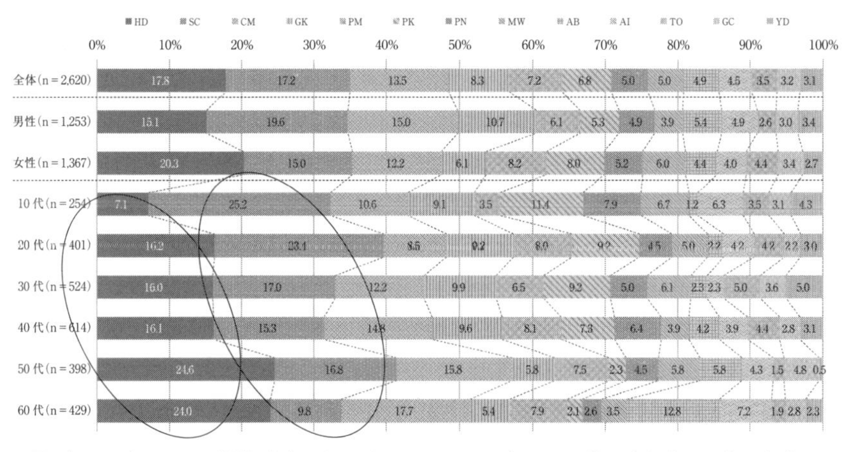


図 序-4　(この3か月間で)食べたアイスクリームの中で、一番よくお食べになったもの

表 序-5：アイスクリームの特化係数

| | HD | SC | CM | GK | PM | PK | PN | MW | AB | AI | TO | GC | YD |
|---|---|---|---|---|---|---|---|---|---|---|---|---|---|
| 全体(n＝2,620) | 1.0 | 1.0 | 1.0 | 1.0 | 1.0 | 1.0 | 1.0 | 1.0 | 1.0 | 1.0 | 1.0 | 1.0 | 1.0 |
| 男性(n＝1,253) | 0.8 | 1.1 | 1.1 | 1.3 | 0.8 | 0.8 | 1.0 | 0.8 | 1.1 | 1.1 | 0.7 | 0.9 | 1.1 |
| 女性(n＝1,367) | 1.1 | 0.9 | 0.9 | 0.7 | 1.1 | 1.2 | 1.0 | 1.2 | 0.9 | 0.9 | 1.3 | 1.1 | 0.9 |
| 10代(n＝254) | 0.4 | 1.5 | 0.8 | 1.1 | 0.5 | 1.7 | 1.6 | 1.3 | 0.2 | 1.4 | 1.0 | 1.0 | 1.4 |
| 20代(n＝401) | 0.9 | 1.4 | 0.6 | 1.1 | 1.1 | 1.4 | 0.9 | 1.0 | 0.4 | 0.9 | 1.2 | 0.7 | 1.0 |
| 30代(n＝524) | 0.9 | 1.0 | 0.9 | 1.2 | 0.9 | 1.4 | 1.0 | 1.2 | 0.5 | 0.5 | 1.4 | 1.1 | 1.6 |
| 40代(n＝614) | 0.9 | 0.9 | 1.1 | 1.2 | 1.1 | 1.1 | 1.3 | 0.8 | 0.9 | 0.9 | 1.3 | 0.9 | 1.0 |
| 50代(n＝398) | 1.4 | 1.0 | 1.2 | 0.7 | 1.0 | 0.3 | 0.9 | 1.2 | 1.2 | 1.0 | 0.4 | 1.5 | 0.2 |
| 60代(n＝429) | 1.3 | 0.6 | 1.3 | 0.7 | 1.1 | 0.3 | 0.5 | 0.7 | 2.6 | 1.6 | 0.5 | 0.9 | 0.7 |

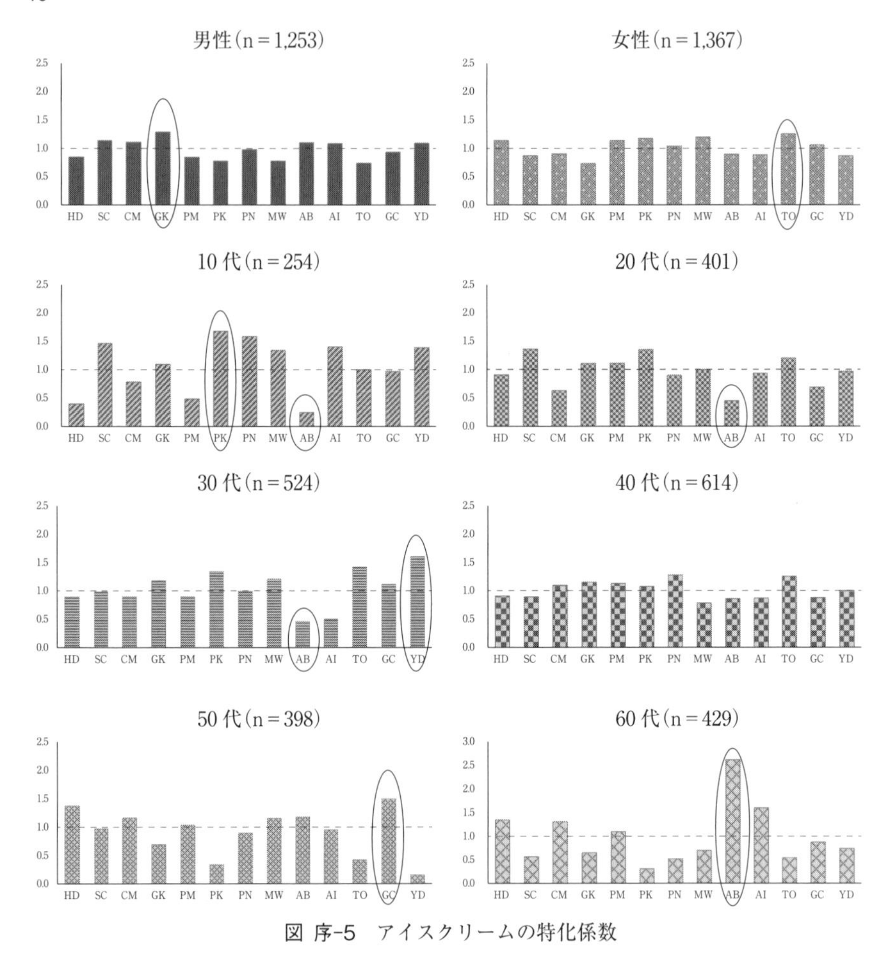


図 序-5　アイスクリームの特化係数

【演習】　次はアイスクリームのシェアのデータです.

○　高齢世代の特化係数についてどのような特徴がありますか.

○　特殊化係数の最も大きい銘柄は何ですか．最も小さい銘柄は何ですか.

☞ QMSS＋　https://www.bayesco.org/top

## 〔必修〕データD：日頃の生活からⅢ：3か月間で最もよく使用した解熱・鎮痛剤

表 序-6：(この3か月間で)使用した解熱・鎮痛剤の中で一番よくお使いになったもの

| | LN | BF | EV | NA | NS | SD | RI | 計 |
|---|---|---|---|---|---|---|---|---|
| 全体(n＝1,048) | 32.6 | 30.3 | 27.2 | 3.9 | 3.4 | 1.3 | 1.1 | 100.0 |
| 男性(n＝390) | 36.7 | 34.4 | 23.3 | 2.8 | 1.3 | 1.3 | 0.3 | 100.0 |
| 女性(n＝658) | 30.2 | 28.0 | 29.5 | 4.6 | 4.7 | 1.4 | 1.7 | 100.0 |
| 10代(n＝48) | 12.5 | 39.6 | 29.2 | 2.1 | 10.4 | 4.2 | 2.1 | 100.0 |
| 20代(n＝175) | 28.0 | 37.1 | 22.9 | 2.9 | 5.7 | 0.0 | 3.4 | 100.0 |
| 30代(n＝233) | 31.3 | 21.9 | 36.1 | 3.4 | 5.6 | 0.9 | 0.9 | 100.0 |
| 40代(n＝284) | 36.3 | 26.8 | 29.9 | 3.9 | 1.4 | 1.8 | 0.0 | 100.0 |
| 50代(n＝199) | 35.7 | 34.2 | 21.1 | 7.0 | 1.0 | 1.0 | 0.0 | 100.0 |
| 60代(n＝109) | 36.7 | 35.8 | 18.3 | 1.8 | 1.8 | 2.8 | 2.8 | 100.0 |

男女全体で，3か月以内に主に使用(1つ)と答えた数が10以上のブランド(その他，不明を除く)，10代は12歳〜

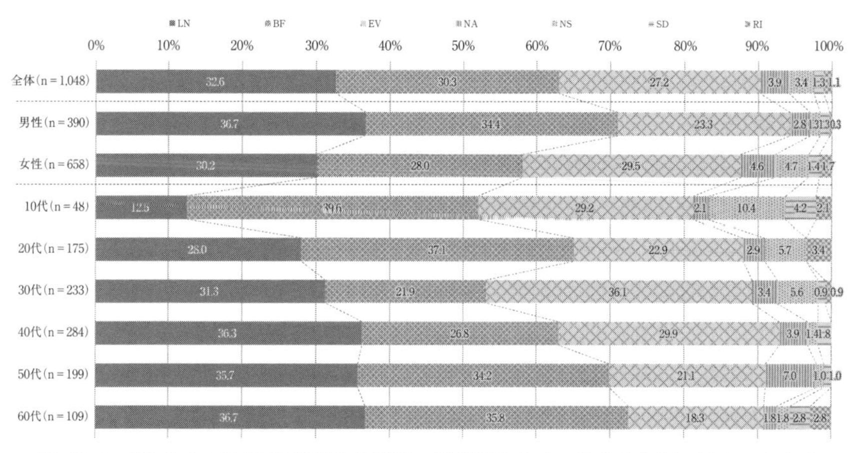


図 序-6　(この3か月間で)使用した解熱・鎮痛剤の中で一番よくお使いになったもの

【演習】　解熱鎮痛薬は広く使用されていますが，性別の差が予想されます．

○　性別の特化係数を比較して論じてください(300字)．

○　特殊化係数の最も大きい銘柄は何ですか．最も小さい銘柄は何ですか．性別で求めてください．

表 序-7：解熱・鎮痛剤の特化係数

| | LN | BF | EV | NA | NS | SD | RI |
|---|---|---|---|---|---|---|---|
| 全体(n＝1,048) | 1.0 | 1.0 | 1.0 | 1.0 | 1.0 | 1.0 | 1.0 |
| 男性(n＝390) | 1.1 | 1.1 | 0.9 | 0.7 | 0.4 | 1.0 | 0.3 |
| 女性(n＝658) | 0.9 | 0.9 | 1.1 | 1.2 | 1.4 | 1.1 | 1.5 |
| 10 代(n＝48) | 0.4 | 1.3 | 1.1 | 0.5 | 3.1 | 3.2 | 1.9 |
| 20 代(n＝175) | 0.9 | 1.2 | 0.8 | 0.7 | 1.7 | 0.0 | 3.1 |
| 30 代(n＝233) | 1.0 | 0.7 | 1.3 | 0.9 | 1.6 | 0.7 | 0.8 |
| 40 代(n＝284) | 1.1 | 0.9 | 1.1 | 1.0 | 0.4 | 1.4 | 0.0 |
| 50 代(n＝199) | 1.1 | 1.1 | 0.8 | 1.8 | 0.3 | 0.8 | 0.0 |
| 60 代(n＝109) | 1.1 | 1.2 | 0.7 | 0.5 | 0.5 | 2.2 | 2.5 |

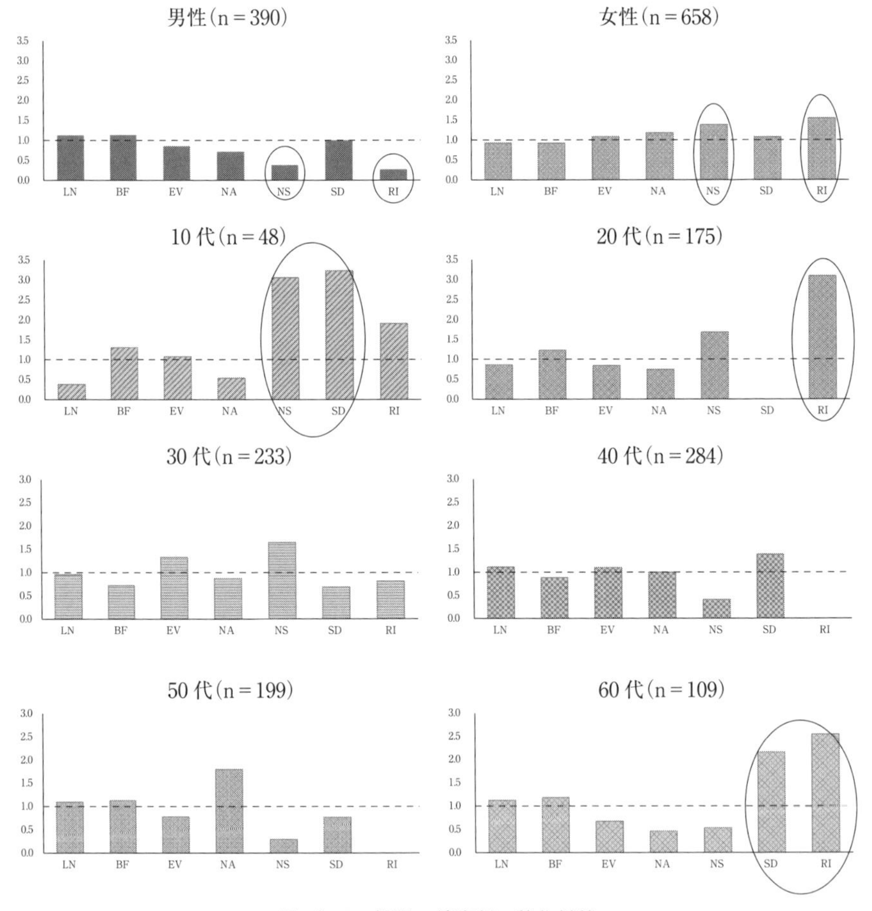


図 序-7　解熱・鎮痛剤の特化係数

☞ QMSS＋　https://www.bayesco.org/top

## 〔必修〕データＥ：首都圏の鉄道交通の中心山手線に見る変化

### 各駅の１日平均乗車者人数の変化

表 序-8　山手線の各駅の１日平均乗車人数(新橋以下表示略)

| | 全体 | 駒込駅 | 田端駅 | 西日暮里駅 | 日暮里駅 | 鶯谷駅 | 上野駅 | 御徒町駅 | 秋葉原駅 | 神田駅 | 東京駅 | 有楽町駅 |
|---|---|---|---|---|---|---|---|---|---|---|---|---|
| 2001年(平成13年) | 4,785,505 | 43,848 | 37,689 | 94,157 | 77,823 | 24,572 | 185,661 | 80,822 | 137,045 | 109,831 | 368,967 | 155,609 |
| 2002年(平成14年) | 4,817,926 | 44,351 | 39,741 | 91,973 | 79,852 | 24,478 | 186,147 | 80,253 | 145,157 | 108,754 | 374,922 | 153,830 |
| 2003年(平成15年) | 4,831,032 | 44,482 | 40,740 | 90,236 | 79,694 | 24,266 | 186,401 | 79,824 | 142,517 | 107,156 | 369,025 | 151,848 |
| 2004年(平成16年) | 4,819,360 | 43,957 | 41,278 | 88,793 | 79,000 | 23,814 | 182,196 | 78,208 | 141,963 | 105,728 | 371,113 | 151,031 |
| 2005年(平成17年) | 4,900,595 | 44,524 | 41,400 | 87,392 | 78,921 | 23,666 | 179,978 | 77,011 | 171,166 | 105,782 | 379,350 | 153,113 |
| 2006年(平成18年) | 4,997,608 | 45,118 | 41,732 | 86,525 | 78,653 | 23,877 | 178,007 | 76,294 | 200,025 | 106,834 | 382,242 | 157,890 |
| 2007年(平成19年) | 5,198,172 | 46,582 | 42,403 | 91,955 | 81,444 | 23,932 | 181,099 | 75,733 | 217,237 | 106,766 | 396,152 | 166,545 |
| 2008年(平成20年) | 5,153,282 | 46,777 | 42,683 | 94,227 | 90,637 | 23,707 | 181,244 | 74,094 | 224,084 | 105,753 | 394,135 | 169,361 |
| 2009年(平成21年) | 5,066,909 | 46,525 | 43,030 | 93,939 | 94,429 | 23,388 | 178,413 | 71,934 | 224,608 | 103,605 | 384,024 | 166,252 |
| 2010年(平成22年) | 5,009,123 | 46,555 | 43,208 | 94,059 | 96,633 | 23,599 | 172,306 | 69,565 | 226,646 | 101,075 | 381,704 | 162,445 |
| 2011年(平成23年) | 5,002,362 | 46,005 | 43,129 | 93,891 | 96,747 | 23,734 | 174,832 | 68,402 | 230,689 | 99,307 | 380,997 | 162,252 |
| 2012年(平成24年) | 5,099,197 | 46,988 | 44,155 | 94,884 | 99,875 | 24,174 | 183,611 | 67,737 | 234,187 | 97,779 | 402,277 | 164,929 |
| 2013年(平成25年) | 5,124,763 | 47,490 | 45,116 | 97,268 | 102,817 | 24,481 | 181,880 | 67,593 | 240,327 | 97,589 | 415,908 | 167,365 |
| 2014年(平成26年) | 5,119,682 | 47,231 | 45,296 | 97,918 | 103,809 | 24,444 | 182,469 | 67,502 | 240,995 | 97,251 | 417,822 | 165,450 |
| 2015年(平成27年) | 5,232,402 | 46,998 | 45,954 | 98,681 | 107,399 | 24,447 | 181,588 | 66,804 | 243,921 | 98,917 | 434,633 | 167,424 |
| 2016年(平成28年) | 5,306,920 | 48,094 | 46,241 | 100,276 | 110,529 | 24,611 | 182,693 | 66,975 | 246,623 | 101,340 | 439,554 | 169,550 |
| 2017年(平成29年) | 5,391,126 | 48,964 | 47,034 | 100,917 | 113,468 | 25,375 | 187,536 | 68,750 | 250,251 | 103,940 | 452,549 | 169,943 |

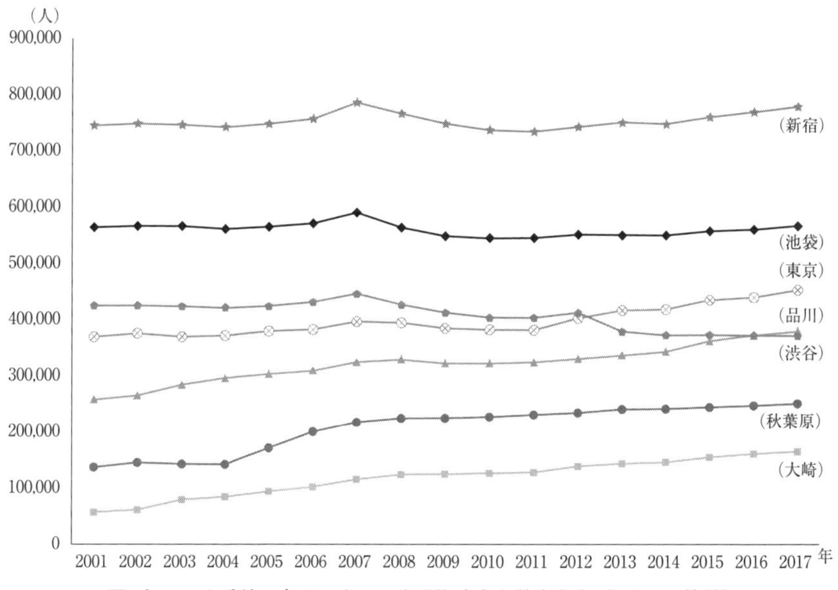


図 序-8　山手線の各駅の(1 日の)平均乗車人数変化(一部駅のみ抜粋)

表 序-9：山手線各駅の乗降人数の指数化(同)

| | 全体 | 駒込駅 | 田端駅 | 西日暮里駅 | 日暮里駅 | 鶯谷駅 | 上野駅 | 御徒町駅 | 秋葉原駅 | 神田駅 | 東京駅 | 有楽町駅 |
|---|---|---|---|---|---|---|---|---|---|---|---|---|
| 2001年(平成13年) | 100.00 | 100.00 | 100.00 | 100.00 | 100.00 | 100.00 | 100.00 | 100.00 | 100.00 | 100.00 | 100.00 | 100.00 |
| 2002年(平成14年) | 100.68 | 101.15 | 105.44 | 97.68 | 102.61 | 99.62 | 100.26 | 99.30 | 105.92 | 99.02 | 101.61 | 98.86 |
| 2003年(平成15年) | 100.95 | 101.45 | 108.10 | 95.84 | 102.40 | 98.75 | 100.40 | 98.77 | 103.99 | 97.56 | 100.02 | 97.58 |
| 2004年(平成16年) | 100.71 | 100.25 | 109.52 | 94.30 | 101.51 | 96.92 | 98.13 | 96.77 | 103.59 | 96.26 | 100.58 | 97.06 |
| 2005年(平成17年) | 102.40 | 101.54 | 109.85 | 92.82 | 101.41 | 96.31 | 96.94 | 95.28 | 124.90 | 96.31 | 102.81 | 98.40 |
| 2006年(平成18年) | 104.43 | 102.90 | 110.73 | 91.89 | 101.07 | 97.17 | 95.88 | 94.40 | 145.96 | 97.27 | 103.60 | 101.47 |
| 2007年(平成19年) | 108.62 | 106.24 | 112.51 | 97.66 | 104.65 | 97.40 | 97.54 | 93.70 | 158.52 | 97.21 | 107.37 | 107.03 |
| 2008年(平成20年) | 107.69 | 106.68 | 113.25 | 100.07 | 116.47 | 96.48 | 97.62 | 91.68 | 163.51 | 96.29 | 106.82 | 108.84 |
| 2009年(平成21年) | 105.88 | 106.11 | 114.17 | 99.77 | 121.34 | 95.18 | 96.10 | 89.00 | 163.89 | 94.33 | 104.08 | 106.84 |
| 2010年(平成22年) | 104.67 | 106.17 | 114.64 | 99.90 | 124.17 | 96.04 | 92.81 | 86.07 | 165.38 | 92.03 | 103.45 | 104.39 |
| 2011年(平成23年) | 104.53 | 104.92 | 114.43 | 99.72 | 124.32 | 96.59 | 94.17 | 84.63 | 168.33 | 90.42 | 103.26 | 104.27 |
| 2012年(平成24年) | 106.56 | 107.16 | 117.16 | 100.77 | 128.34 | 98.38 | 98.90 | 83.81 | 170.88 | 89.03 | 109.03 | 105.99 |
| 2013年(平成25年) | 107.09 | 108.31 | 119.71 | 103.30 | 132.12 | 99.63 | 97.96 | 83.63 | 175.36 | 88.85 | 112.72 | 107.55 |
| 2014年(平成26年) | 106.98 | 107.72 | 120.18 | 103.99 | 133.39 | 99.48 | 98.28 | 83.52 | 175.85 | 88.55 | 113.24 | 106.32 |
| 2015年(平成27年) | 109.34 | 107.18 | 121.93 | 104.80 | 138.00 | 99.49 | 97.81 | 82.66 | 177.99 | 90.06 | 117.80 | 107.59 |
| 2016年(平成28年) | 110.90 | 109.68 | 122.69 | 106.50 | 142.03 | 100.16 | 98.40 | 82.87 | 179.96 | 92.27 | 119.13 | 108.96 |
| 2017年(平成29年) | 112.66 | 111.67 | 124.80 | 107.18 | 145.80 | 103.27 | 101.01 | 85.06 | 182.60 | 94.64 | 122.65 | 109.21 |

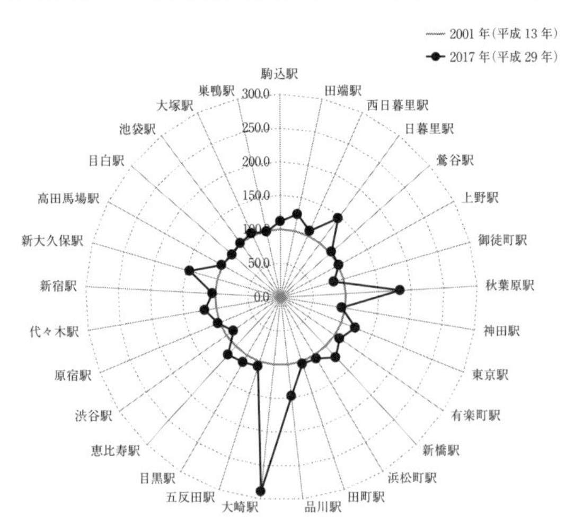


図 序-9　山手線各駅の指数化のレーダーチャート

【演習】 東京では，あるいは大都市では，多くの人が目まぐるしく行き来し，しかも思い思いの生活や行動をしています．しかし他方，都市には歴史や伝統があり，住む人々の住みやすさへの願望や期待，さらには行政の計画もあって，全く無秩序や無定形ではありません．ちなみに，鉄道はその辺の様子を表していますが，これも統計からみることができます．東京都心の山手線の１日平均乗車人員数のデータの増減で，指数で表しています．うまくレーダーチャートで表せました．

○　山手線全体の増減の傾向につきどのようなことがいえるでしょうか．東京駅の増減につきどのようなことがいえるでしょうか．

○　東京の山手線と似ている大阪環状線についても研究してみましょう．

☞ QMSS＋　https://www.bayesco.org/top

## 〔選択〕データF：ワイン有名銘柄の成分データがわかる

表 序-10　3種類のイタリアワインの「ポリフェノール」「プロリン」の含有量データ

| No. | 種類 | ポリフェノール | プロリン | ポリフェノール（並び替え） | プロリン（並び替え） |
|---|---|---|---|---|---|
| 1 | ネッビオーロ | 2.7 | 1050 | 2.4 | 680 |
| 2 | ネッビオーロ | 2.8 | 735 | 2.5 | 735 |
| 3 | ネッビオーロ | 2.6 | 1295 | 2.6 | 795 |
| 4 | ネッビオーロ | 3.0 | 1510 | 2.6 | 830 |
| 5 | ネッビオーロ | 3.1 | 1150 | 2.6 | 845 |
| 6 | ネッビオーロ | 2.8 | 1280 | 2.6 | 915 |
| 7 | ネッビオーロ | 2.7 | 845 | 2.7 | 1035 |
| 8 | ネッビオーロ | 2.6 | 1035 | 2.7 | 1050 |
| 9 | ネッビオーロ | 2.6 | 830 | 2.8 | 1065 |
| 10 | ネッビオーロ | 3.0 | 915 | 2.8 | 1095 |
| 11 | ネッビオーロ | 2.9 | 1515 | 2.9 | 1105 |
| 12 | ネッビオーロ | 2.4 | 1095 | 2.9 | 1120 |
| 13 | ネッビオーロ | 2.5 | 1105 | 3.0 | 1150 |
| 14 | ネッビオーロ | 3.2 | 795 | 3.0 | 1190 |
| 15 | ネッビオーロ | 2.6 | 680 | 3.0 | 1260 |
| 16 | ネッビオーロ | 3.3 | 1065 | 3.1 | 1280 |
| 17 | ネッビオーロ | 2.9 | 1260 | 3.2 | 1285 |
| 18 | ネッビオーロ | 3.9 | 1190 | 3.3 | 1295 |
| 19 | ネッビオーロ | 3.0 | 1120 | 3.4 | 1510 |
| 20 | ネッビオーロ | 3.4 | 1285 | 3.9 | 1515 |
| 21 | バルベーラ | 2.0 | 450 | 1.1 | 345 |
| 22 | バルベーラ | 1.9 | 355 | 1.5 | 355 |
| 23 | バルベーラ | 2.1 | 510 | 1.6 | 372 |
| 24 | バルベーラ | 1.1 | 870 | 1.7 | 380 |
| 25 | バルベーラ | 3.3 | 985 | 1.8 | 392 |
| 26 | バルベーラ | 2.0 | 392 | 1.9 | 407 |
| 27 | バルベーラ | 2.8 | 463 | 2.0 | 415 |
| 28 | バルベーラ | 2.0 | 630 | 2.0 | 428 |
| 29 | バルベーラ | 2.2 | 450 | 2.0 | 450 |
| 30 | バルベーラ | 2.0 | 680 | 2.0 | 450 |
| 31 | バルベーラ | 1.5 | 450 | 2.1 | 450 |
| 32 | バルベーラ | 3.0 | 345 | 2.1 | 463 |
| 33 | バルベーラ | 2.6 | 428 | 2.2 | 465 |
| 34 | バルベーラ | 2.2 | 710 | 2.2 | 466 |
| 35 | バルベーラ | 2.5 | 415 | 2.5 | 510 |
| 36 | バルベーラ | 1.7 | 510 | 2.5 | 510 |
| 37 | バルベーラ | 2.7 | 680 | 2.6 | 607 |
| 38 | バルベーラ | 1.8 | 607 | 2.7 | 630 |
| 39 | バルベーラ | 2.5 | 407 | 2.8 | 680 |
| 40 | バルベーラ | 1.6 | 372 | 2.9 | 680 |
| 41 | バルベーラ | 3.2 | 465 | 3.0 | 710 |
| 42 | バルベーラ | 2.9 | 380 | 3.2 | 870 |
| 43 | バルベーラ | 2.1 | 466 | 3.3 | 985 |
| 44 | グリニョリーノ | 1.5 | 630 | 1.4 | 480 |
| 45 | グリニョリーノ | 1.7 | 600 | 1.4 | 520 |
| 46 | グリニョリーノ | 1.4 | 720 | 1.5 | 520 |
| 47 | グリニョリーノ | 2.3 | 590 | 1.5 | 590 |
| 48 | グリニョリーノ | 1.6 | 520 | 1.5 | 600 |
| 49 | グリニョリーノ | 1.5 | 830 | 1.5 | 630 |
| 50 | グリニョリーノ | 1.9 | 650 | 1.6 | 630 |
| 51 | グリニョリーノ | 1.5 | 480 | 1.6 | 640 |
| 52 | グリニョリーノ | 1.5 | 640 | 1.7 | 650 |
| 53 | グリニョリーノ | 1.9 | 880 | 1.7 | 660 |
| 54 | グリニョリーノ | 2.3 | 520 | 1.7 | 675 |
| 55 | グリニョリーノ | 1.4 | 675 | 1.9 | 695 |
| 56 | グリニョリーノ | 1.7 | 695 | 1.9 | 720 |
| 57 | グリニョリーノ | 2.0 | 630 | 2.0 | 830 |
| 58 | グリニョリーノ | 1.7 | 660 | 2.3 | 835 |
| 59 | グリニョリーノ | 1.6 | 835 | 2.3 | 880 |

表 序-11　3種類のイタリアワインの要約統計

| | ポリフェノール | | | プロリン | | |
|---|---|---|---|---|---|---|
| | ネッビオーロ | バルベーラ | グリニョリーノ | ネッビオーロ | バルベーラ | グリニョリーノ |
| **代 表 値** | | | | | | |
| 平均値 | 2.9 | 2.2 | 1.7 | 1087.8 | 522.6 | 659.7 |
| 中央値 | 2.8 | 2.1 | 1.6 | 1100.0 | 463.0 | 645.0 |
| 最頻値 | 2.8 | 2.0 | 1.5 | — | 450.0 | 520.0 |
| **散らばり指標** | | | | | | |
| 分散 V | 0.1 | 0.3 | 0.1 | 53068.7 | 26853.2 | 12210.8 |
| 標準偏差 | 0.3 | 0.6 | 0.3 | 230.4 | 163.9 | 110.5 |
| 最大値 | 3.9 | 3.3 | 2.3 | 1515.0 | 985.0 | 880.0 |
| 最小値 | 2.4 | 1.1 | 1.4 | 680.0 | 345.0 | 480.0 |
| レンジ | 1.5 | 2.2 | 0.9 | 835.0 | 640.0 | 400.0 |
| **五点要約** | | | | | | |
| 最大値 | 3.9 | 3.3 | 2.3 | 1515.0 | 985.0 | 880.0 |
| 上四分位点(75%) | 3.0 | 2.6 | 1.9 | 1265.0 | 618.5 | 701.3 |
| 中央値 | 2.8 | 2.1 | 1.6 | 1100.0 | 463.0 | 645.0 |
| 下四分位点(25%) | 2.6 | 1.9 | 1.5 | 897.5 | 411.0 | 597.5 |
| 最小値 | 2.4 | 1.1 | 1.4 | 680.0 | 345.0 | 480.0 |
| **外 れ 値** | 3.9 | — | — | — | 985 | — |

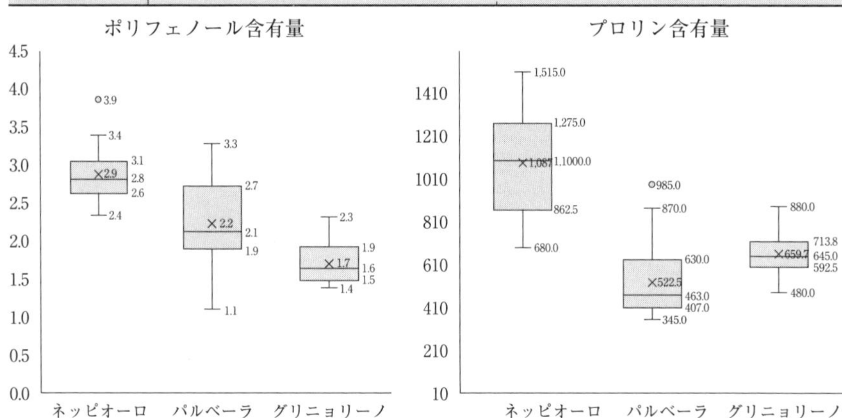


図 序-10　3種類のワインの「ポリフェノール」および「プロリン」の箱ひげ図

【演習】　ワインなら日常的に知っているし「ポリフェノール」なら聞いた人も多いでしょう．3銘柄のワインのポリフェノールとプロリン*のデータです(左側2行は中途計算のため無視)．それが多いあるいは少ないはデータがあればわかるので，それを図で表すといろいろなことがわかります．

「箱ひげ図」は量の全体的大小およびばらつきを図示し，高い(低い)位置ほど量的に大きい(小さい)こと，箱の長い(短い)ほどばらつきの範囲が大きい(小さい)ことを意味します．箱の中にある線は「中位数」といい真ん中の数を示します．全体の値を表すためです．箱の両側の線(ひげ)など詳しい見方については，巻末の【解説】を見てください．

○　3銘柄のポリフェノールの高いのはどれですか．低いのはどれですか．順に言ってください．プロリンについてはどうでしょうか．

○　箱の位置を比べて大きく離れて重なる部分がないのは銘柄のどれとどれですか．それぞれポリフェノールとプロリンにつき調べて下さい．

*ワインの苦味甘味の成分物質で，除去すべきタンパク質

☞ QMSS＋　https://www.bayesco.org/top

## 〔選択〕データG：大気中二酸化炭素濃度の変動と地球温暖化

### 文明の慢性化した病は数年前に400ppmを突破，これを抑え込めるか

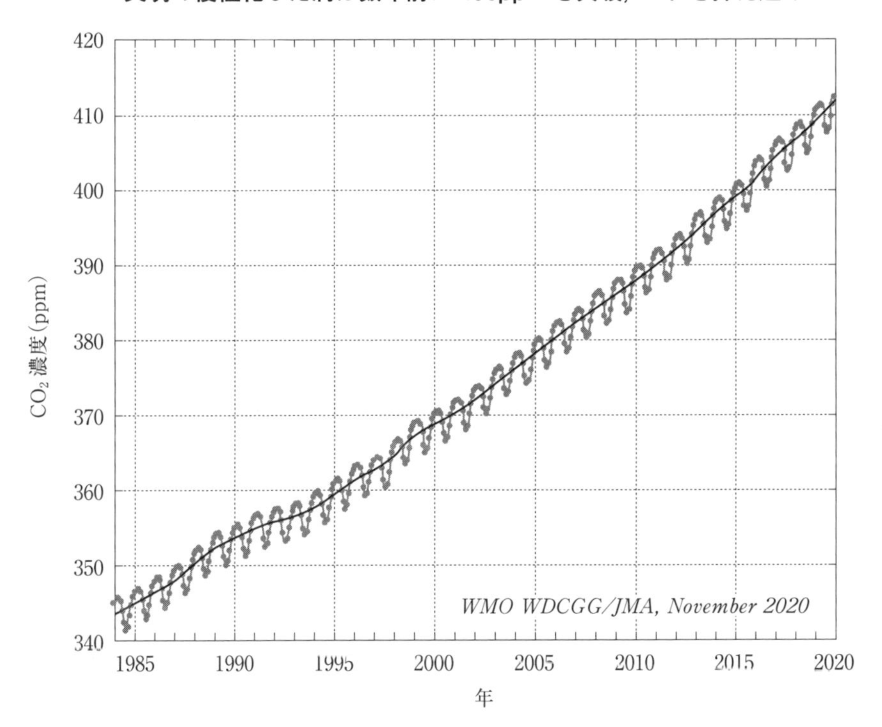


図 序-11　大気中における二酸化炭素の世界平均濃度

【演習】　地球大気の温暖化が進み，大きな気候変動をはじめとして地球環境の危機がせまっています．その中で貧困，飢餓，非衛生，不平等，不十分な教育機会，非効率，資源むだ使い，経済の停滞，エネルギー不足など人類の現在および将来に向かって緊急の課題が浮上してきました．SDGs(持続可能な開発目標)は，国連の主導で私たちの生活スタイルを将来に向けて抜本的に見直し改善する国際的な運動目標です．

これまでの大量生産大量消費社会の進展の結果として，地球温暖化の原因とされる二酸化炭素の大気中濃度はほぼ直線的に上昇しています．

○　大体において濃度は1年で平均的にどれだけ上昇しますか．データは図の中心線の数字を読み取って下さい．(信頼できる図であれば，さしあたり元データがなくても注意深く数字読み取りができます)

○　全体の年代を(自分で)前半と後半に分け，それぞれにおいて1年で平均的におおむねどれだけ上昇しますか．前半と後半を比較してください．

☞ QMSS＋　https://www.bayesco.org/top

〔選択〕データＨ：社会調査の質問票の実例（定型２通り）

調査協力のお願い文（調査目的，プライバシー）および質問文例，コーディング

若者の生活に関する調査（ご本人様用）

このたびはお忙しい中、アンケートにご協力いただき誠にありがとうございます。

『若者の生活に関する調査』は、全国の満15歳から39歳までの方5,000人の方とそのご家族の方を対象に、満15歳から39歳までの方々の日常生活の状況などについてお伺いするもので、調査結果は国の今後の政策運営などの基礎資料とさせていただきます。

皆様のご意見は、調査対象者が特定されないよう全体を集計します。また、回答内容や個人情報が上記目的以外に使用されたり、外部に漏れたりすることはありません。

以下の注意事項をお読みいただき、ご協力くださいますよう、お願い申し上げます。

【記入上のお願い】

1）この調査票にはお願いした方ご本人様ご自身でご記入をお願いいたします。

なお、同居されているご家族の大人の方（親など）につきましては、別添「調査票（ご家族様用）」にご記入いただけますようお願いいたします。

2）お答えは、あてはまる番号を○印で囲んでいただくか、数字をご記入ください。

3）ご回答いただく○印の数は質問文の終わりに（○はひとつだけ）とか（○はいくつでも）

図 序-12　若者の生活に関する調査（内閣府，2015年）

【演習】「アンケート」を作って印刷し配って集めればすぐ統計調査ができると考えていませんか．どのような方法であろうと，結局調査とはある種の「訪問」なのです．しかも知らない人に対してです．誠意のない無礼なやり方で失敗して損をするのはみなさん以外ではありません．データは取る，集めるところが始まりとはそういう意味です．

○　内閣府調査のお願い文を読んで，調査の適正さと公正さにつき次の点でそれぞれどのように文章表現されていますか．

1．調査の目的　2．調査対象　3．データの扱い　4．個人情報の保護　5．お願いの態度

○　公開された朝日新聞調査（憲法意識調査）の質問文の回答選択肢に「どちらでもない」がないことにつき論じて下さい．

**【Q1～Q13はすべての方がお答えください。】**

**Q1**　あなたの性別をお答えください。（○はひとつだけ）

1 男性　　2 女性

**Q2**　あなたの年齢をお答えください。（○はひとつだけ）

1 15歳～19歳　　3 25歳～29歳　　5 35歳～39歳
2 20歳～24歳　　4 30歳～34歳

**Q3**　現在あなたと同居しているご家族に○をつけてください。（○はいくつでも）

1 父　　4 祖父母　　7 その他の人
2 母　　5 配偶者　　8 同居家族はいない（単身世帯）
3 きょうだい　　6 ご自身のお子さん

**Q4**　現在同居している人は合計で何人ですか。あなたも含めた人数を記入してください。（数字で具体的に）

人

**Q5**　あなたの家の生計を立てているのは主にどなたですか。生計を立てている方が複数いる場合は、もっとも多く家計を負担している人をお答えください。また、主に仕送りで生計を立てている方は、その仕送りを主にしてくれている人をお答えください。（○はひとつだけ）

1 あなた自身　　4 配偶者　　7 その他
2 父　　5 きょうだい　　8 生活保護などを受けている
3 母　　6 他の家族や親戚

**Q6**　あなたの家の暮らし向き（衣・食・住・レジャーなどの物質的な生活水準）は、世間一般と比べてみて、上の上から下の下までのどれにあたると思われますか。あなたの実感でお答えください。
（○はひとつだけ）

1 上の上　　4 中の上　　7 下の上
2 上の中　　5 中の中　　8 下の中
3 上の下　　6 中の下　　9 下の下

**Q7**　あなたがお住まいの地域にあてはまるものにすべて○をつけてください。（○はいくつでも）

1 住宅地区である
2 商店やサービス業が多い地域である
3 工場の多い地域である
4 農・林・漁業が盛んな地域である
5 長年この地域に住んでいる人が多い
6 近所づきあいが多い
7 自治会や婦人会などの活動が盛んである
8 お祭りや地域の行事が盛んである
9 この中にあてはまるものはない

**Q8**　これまでに以下の病気やけがで通院や入院をしたことはありますか。通院・入院したことのある病気に○をつけてください。（○はいくつでも）

1 心臓や血管の病気　　4 精神的な病気　　7 骨折・大ケガ
2 肺の病気　　5 目や耳の病気　　8 その他の病気

図 序-13　調査票の例

2．朝日新聞憲法調査―質問文と選択肢
憲法を中心に全国世論調査（郵送）
2021 年 5 月 3 日朝刊 7 面に掲載

◆ 菅内閣を支持しますか。支持しませんか。
支持する／支持しない／その他・答えない
◆ いま、どの政党を支持していますか。
自民党／立憲民主党／公明党／共産党／日本維新の会／国民民主党／希望の党
社民党／ＮＨＫ党／れいわ新選組／その他の政党／支持する政党はない
答えない・わからない
◆ 支持する政党を変えないほうですか。それとも、変えるほうですか。
変えないほう／変えるほう／その他・答えない
◆ これからも、支持する政党は変えないと思いますか。それとも、変えることがあると思いますか。
変えない／変えることがある／その他・答えない
◆ いまの暮らし向きをどう感じていますか。
余裕がある／どちらかといえば余裕がある／どちらかといえば苦しい／苦しい／その他・答えない
◆ 政治や社会の出来事についての情報を得るとき、参考にするメディアは何ですか。（複数回答）
新聞／テレビ／ラジオ／雑誌／インターネットのニュースサイト
ツイッターやフェイスブックなどのＳＮＳ／その他・答えない
◆ 日本の政治をどの程度信頼していますか。
大いに信頼している／ある程度信頼している／あまり信頼していない／まったく信頼していない
その他・答えない
◆ 選挙のときのあなたの一票に、政治を動かす力があると思いますか。ないと思いますか。
ある／ない／その他・答えない
◆ いまの衆議院議員の任期は今年 10 月 21 日までです。次の衆議院選挙にどの程度関心がありますか。
大いに関心がある／ある程度関心がある／あまり関心はない／まったく関心はない
その他・答えない
◆ 仮にいま、衆議院選挙で投票するとしたら、比例区では、どの政党に投票したいと思いますか。
自民党／立憲民主党／公明党／共産党／日本維新の会／国民民主党／希望の党
社民党／ＮＨＫ党／れいわ新選組／その他の政党／答えない・わからない

(以下略)

図 序-14　質問票の例

☞ QMSS＋　https://www.bayesco.org/top

## 〔選択〕データI：適切なデータを意思決定支援のエビデンスとして利活用

**データサイエンスの最終目的は人間の意思決定支援（日本薬科大学大田祥子先生の例）**

計画の目的や立て方における統計データの用い方が適切である．

計画：健康情報から地域の特徴を捉える

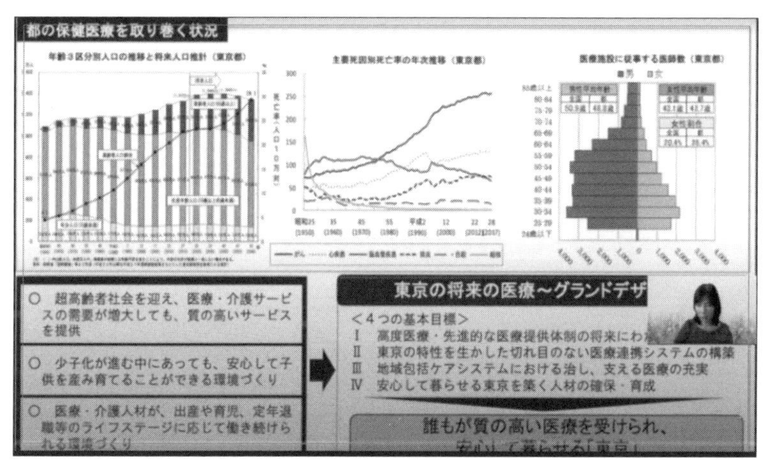


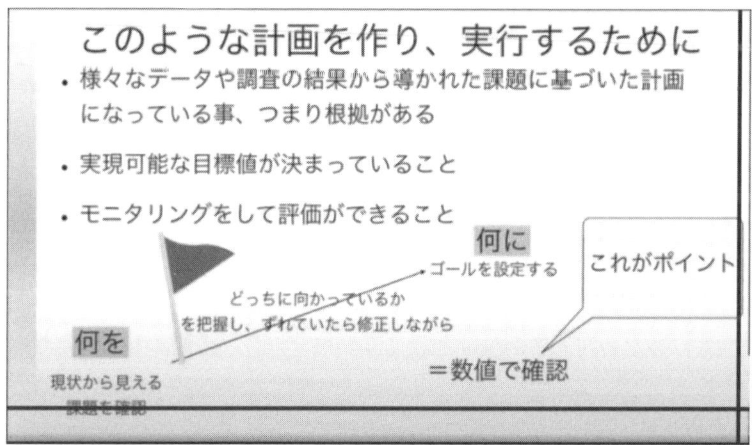


図 序-15a（上），b（下）　大田教授のデータ

※本データの演習問題はデータMの問題のあとにあります．

☞ QMSS＋　https://www.bayesco.org/top

## 〔研究〕データ J：テストで能力がわかるか

### 人の能力を客観的にかつ公正に評価するテストは存在するか

表 序-12　地理同一答案の評点分布

| 評点 | 教師の数 |
|---|---|
| 89-91 | 1 |
| 86-88 | 4 |
| 83-85 | 5 |
| 80-82 | 17 |
| 77-79 | 14 |
| 74-76 | 40 |
| 71-73 | 57 |
| 68-70 | 95 |
| 65-67 | 102 |
| 62-64 | 75 |
| 59-61 | 66 |
| 56-58 | 40 |
| 53-55 | 24 |
| 50-52 | 9 |
| 47-49 | 4 |
| 44-46 | 2 |
| 41-43 | 1 |
| 38-40 | 1 |

表 序-13　12問からできているテストを2分して信頼性を評価する

| 被験者番号 | 小問番号 | | | | | | | | | | | | 総得点 | 折半得点 | | 差 | |
|---|---|---|---|---|---|---|---|---|---|---|---|---|---|---|---|---|---|
| | 1 | 2 | 3 | 4 | 5 | 6 | 7 | 8 | 9 | 10 | 11 | 12 | | 奇数項 | 偶数項 | d | $d^2$ |
| 1 | 1 | 1 | 1 | 1 | 1 | 1 | 1 | 1 | 1 | 1 | 1 | 1 | 12 | 6 | 6 | 0 | 0 |
| 2 | 1 | 1 | 1 | 1 | 1 | 1 | 1 | 1 | 1 | 1 | 1 | 0 | 11 | 6 | 5 | 1 | 1 |
| 3 | 1 | 1 | 1 | 1 | 1 | 0 | 1 | 1 | 0 | 1 | 1 | 0 | 9 | 5 | 4 | 1 | 1 |
| 4 | 1 | 1 | 1 | 1 | 1 | 1 | 1 | 0 | 1 | 0 | 0 | 1 | 9 | 5 | 4 | 1 | 1 |
| 5 | 1 | 1 | 1 | 1 | 1 | 1 | 1 | 0 | 0 | 0 | 1 | 0 | 8 | 5 | 3 | 2 | 4 |
| 6 | 1 | 0 | 0 | 1 | 1 | 1 | 0 | 1 | 1 | 1 | 0 | 1 | 8 | 3 | 5 | −2 | 4 |
| 7 | 1 | 0 | 1 | 1 | 1 | 0 | 1 | 1 | 0 | 0 | 0 | 0 | 6 | 4 | 2 | 2 | 4 |
| 8 | 0 | 1 | 0 | 0 | 0 | 1 | 0 | 1 | 1 | 1 | 0 | 1 | 6 | 1 | 5 | −4 | 16 |
| 9 | 1 | 1 | 1 | 0 | 0 | 0 | 0 | 0 | 0 | 0 | 0 | 0 | 3 | 2 | 1 | 1 | 1 |
| 10 | 1 | 1 | 0 | 0 | 0 | 0 | 0 | 0 | 0 | 0 | 0 | 0 | 2 | 1 | 1 | 0 | 0 |
| 正答数 | 9 | 8 | 7 | 7 | 7 | 6 | 6 | 6 | 5 | 5 | 4 | 4 | 74 | 38 | 36 | 2 | 32 |
| 正答数(p) | 0.9 | 0.8 | 0.7 | 0.7 | 0.7 | 0.6 | 0.6 | 0.6 | 0.5 | 0.5 | 0.4 | 0.4 | | | | | |
| q＝1－p | 0.1 | 0.2 | 0.3 | 0.3 | 0.3 | 0.4 | 0.4 | 0.4 | 0.5 | 0.5 | 0.6 | 0.6 | | | | | |
| pq | 0.09 | 0.16 | 0.21 | 0.21 | 0.21 | 0.24 | 0.24 | 0.24 | 0.25 | 0.25 | 0.24 | 0.24 | 2.58 | | | | |

【演習】　人生の最初のころは試験(学力テスト)ばかりですが，評点が公正に客観的につけられているか，日本では意外に関心がもたれていません．「ヘンサチ」追放とか「○×式」はよくないといわれますが，冷静に考えましょう．記述式には良い点もありますが，文系の問ならば採点者の主観が大きく入ることは想像できまし，理系でも主観は完全には避けられません．データはある地理の一答案に多くの採点者がつけた評点の分布ですが，非常に大きいばらつきがあります(アメリカの例)．

○　この度数分布のヒストグラムを作りましょう．下から25％目(下四分位点)を「辛い点」，上から25％目(上四分位)を「甘い点」ということにします．それぞれ約何点くらいでしょうか．点数には幅があるのでその中点(真ん中の点)を取ります．

○　12問ある学力テストを10人の受験者に実施しました．各問の点は0，1で，全問だけでなく偶数番と奇数番に6問ずつ二分した集計も行いました．偶数番と奇数番の10人の平均(総点数でもよい)は大きく異なりませんでした(仮の説明例)dは偶数番と奇数番の差です．あなたはこのテストをどう考えますか(なお，$d^2$，p，qなどのデータは考えなくてよい)．

ヒント：前半(1～6番)と後半(7～12番)に二分した場合と比べる．

☞ QMSS＋　https://www.bayesco.org/top

## 〔研究〕データK：日本における自動車関連産業の業績の重さ

**就業者数542万人は全就業者数6724万人の8.1%（JAMAまとめ）で12人に1人**

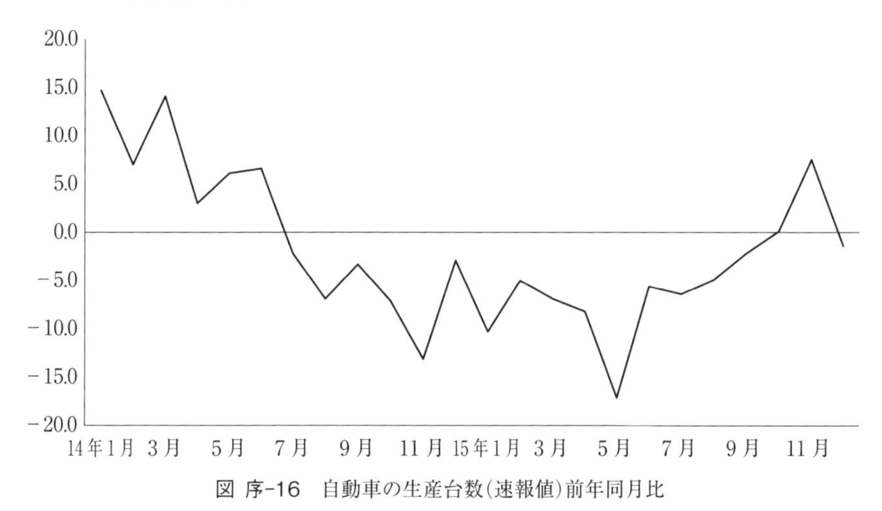


図 序-16　自動車の生産台数（速報値）前年同月比

【演習】「産業連関表*」は一国全体の経済分析（マクロ経済学といいます）のための統計表で生産活動のくわしい様子を示します．国連が定めた共通の統計の世界標準である「国民経済計算」（SNA）の一部です．生産は原料⇒生産物（製品）のモノの流れですが，生産物はまた他の生産で原料であって，企業（生産物によって産業部門に分類）はネットワークのようにたがいに連関しています．表はその連関の全体を示すためにタテヨコのマトリックスで，原料（元）を最左列に生産物（先）を最上行に配置して，部門の間で元⇒先の取引ごとに取引高を示します．

*そのほか，付加価値の生産額，消費の需要（家計，政府，生産設備の投資，在庫，輸出）の各項目が含まれますが，省略します．

○　例として，プラスチックは自動車生産のためにどれだけ必要ですか．表を読み取引高で示してください．

○　自動車業界の苦境がこれまでもたびたびありました（図）．その経済への影響を知るために，自動車生産の原料費の構成割合（%）を計算し，円グラフにあらわしましょう．

# 表 序-14　産業連関表　取引基本表(価格評価)(統合中分類)(2015年，一部)

平成27年(2015年)産業連関表　取引基本表(生産者価格評価)(統合中分類)

| | 011 耕種農業 | 207 医薬品 | 221 プラスチック製品 | 222 ゴム製品 | 262 鋼材 | 331 産業用電気機器 | 341 通信・映像・音響機器 | 351 乗用車 | 352 その他の自動車 | 353 自動車部品・同附属品 | 593 情報サービス | 631 教育 | 641 医療 | 662 広告 | 663 自動車整備・機械修理 | 672 飲食サービス | 691 分類不明 | 700 内生部門計 |
|---|---|---|---|---|---|---|---|---|---|---|---|---|---|---|---|---|---|---|
| 011 耕種農業 | 212720 | 29398 | 0 | 156018 | 0 | 0 | 0 | 0 | 0 | 0 | 0 | 45916 | 50363 | 0 | 0 | 641252 | 0 | 5577234 |
| 207 医薬品 | 0 | 269135 | 0 | 0 | 0 | 0 | 0 | 0 | 0 | 0 | 0 | 123 | 8412836 | 0 | 0 | 0 | 8861 | 8990071 |
| 221 プラスチック製品 | 50125 | 252039 | 2700566 | 127945 | 331 | 156941 | 129828 | 371978 | 28678 | 746225 | 170495 | 5637 | 54154 | 33888 | 74850 | 31737 | 17103 | 9924791 |
| 222 ゴム製品 | 11218 | 10141 | 7874 | 138764 | 10794 | 72080 | 25761 | 217456 | 109465 | 421037 | 0 | 1789 | 49790 | 99 | 482114 | 4045 | 1334 | 2670096 |
| 262 鋼材 | 341 | 0 | 15549 | 11936 | 3298312 | 300144 | 21757 | 540755 | 242587 | 528096 | 0 | 0 | 0 | 0 | 2923 | 0 | 16077 | 11517971 |
| 331 産業用電気機器 | 0 | 0 | 58 | 0 | 0 | 1078526 | 30419 | 334383 | 33602 | 895502 | 0 | 0 | 0 | 0 | 223496 | 0 | 342 | 3529899 |
| 341 通信・映像・音響機器 | 7 | 827 | 16 | 111 | 10 | 407 | 44604 | 285056 | 39031 | 454 | 7330 | 769 | 1219 | 2287 | 15519 | 4691 | 0 | 694549 |
| 351 乗用車 | 0 | 0 | 0 | 0 | 0 | 0 | 0 | 0 | 0 | 0 | 0 | 0 | 0 | 0 | 0 | 0 | 0 | -0 |
| 352 その他の自動車 | 0 | 0 | 0 | 0 | 0 | 0 | 0 | 0 | 192468 | 0 | 0 | 0 | 0 | 0 | 41148 | 0 | 0 | 247530 |
| 353 自動車部品・同附属品 | 0 | 0 | 0 | 0 | 0 | 0 | 0 | 9388185 | 2410703 | 10995274 | 0 | 0 | 0 | 0 | 1646693 | 0 | 0 | 24612903 |
| 593 情報サービス | 13561 | 102192 | 40072 | 19036 | 18767 | 104355 | 24173 | 28375 | 4735 | 51218 | 488306 | 69291 | 278086 | 55340 | 23431 | 50687 | 19097 | 9549121 |
| 631 教育 | 0 | 2088 | 1545 | 159 | 739 | 8029 | 7626 | 1837 | 838 | 5823 | 75019 | 38 | 5069 | 7532 | 20 | 11705 | 737 | 497138 |
| 641 医療 | 0 | 0 | 0 | 0 | 0 | 0 | 0 | 0 | 0 | 0 | 0 | 0 | 328687 | 0 | 0 | 0 | 0 | 334465 |
| 662 広告 | 2016 | 348962 | 52152 | 18809 | 8886 | 31315 | 18575 | 116778 | 34534 | 112944 | 317016 | 97853 | 63440 | 5563 | 27398 | 298275 | 23681 | 7688544 |
| 672 飲食サービス | 0 | 0 | 0 | 0 | 0 | 0 | 0 | 0 | 0 | 0 | 0 | 67636 | 75436 | 0 | 0 | 195174 | 0 | 480252 |
| 691 分類不明 | 33518 | 14931 | 14955 | 15689 | 24336 | 19438 | 4645 | 5942 | 4009 | 10883 | 15854 | 282156 | 82599 | 1732 | 27247 | 44639 | 0 | 4728298 |
| 700 内生部門計 | 2725057 | 3327980 | 6953225 | 1688476 | 10834115 | 5054130 | 2228959 | 13258572 | 3655314 | 20530201 | 7457400 | 4489511 | 19734681 | 5116900 | 7179727 | 16457981 | 2760622 | 469579674 |
| 711 家計外消費支出(行) | 14131 | 115038 | 199354 | 46838 | 42750 | 123193 | 40134 | 127020 | 35825 | 198326 | 413245 | 144506 | 334970 | 162568 | 136038 | 422099 | 19560 | 15055500 |
| 911 雇用者所得 | 467720 | 608775 | 2420434 | 730101 | 796556 | 1746349 | 745565 | 1036459 | 425635 | 4308488 | 6652313 | 14818888 | 20525398 | 1005161 | 3224873 | 7754371 | 59433 | 265799218 |
| 921 営業余剰 | 1949183 | 960496 | −73566 | 118796 | 1816871 | −287120 | −148901 | 518312 | −1027 | 82211 | 1766193 | 77921 | 1936296 | 159328 | 361856 | 702554 | 1564821 | 103905324 |
| 931 資本減耗引当 | 1198419 | 1852048 | 908795 | 503022 | 422209 | 1349447 | 621896 | 1382258 | 465784 | 2602326 | 1621674 | 2052058 | 3246725 | 590583 | 399996 | 1321098 | 230144 | 112735808 |
| 932 資本減耗引当(社会資本等減耗分) | 0 | 0 | 0 | 0 | 0 | 0 | 0 | 0 | 0 | 0 | 0 | 3203414 | 0 | 0 | 0 | 0 | 0 | 18335311 |
| 941 間接税(関税・輸入品商品税を除く.) | 317733 | 191119 | 418567 | 84008 | 48246 | 34363 | 49983 | −334256 | −20862 | 47602 | 589804 | 236947 | 732221 | 178747 | 279229 | 896255 | 82141 | 35667962 |
| 951 (控除)経常補助金 | −675201 | −22 | −43 | −20 | −44 | −35 | −23 | −25 | −20 | −95 | −307 | −3056 | −728032 | −49 | −73 | −105 | −23733 | −3260409 |
| 960 粗付加価値部門計 | 3271985 | 3727454 | 3873541 | 1482745 | 3126588 | 2966197 | 1308654 | 2729768 | 905335 | 7238858 | 11042922 | 20530678 | 26047578 | 2096338 | 4401919 | 11096272 | 1932366 | 548238714 |
| 970 国内生産額 | 5997042 | 7055434 | 10826766 | 3171221 | 13960703 | 8020327 | 3537613 | 15988340 | 4560649 | 27769059 | 18500322 | 25020189 | 45782259 | 7213238 | 11581646 | 27554253 | 4692988 | 1017818388 |

☞ QMSS＋　https://www.bayesco.org/top

## 〔研究〕データL：安倍内閣支持 vs 共産党投票の決定要因重視度(比較)

図 序-15　政党支持重視度(左下図参照)

| 争点態度など | 尺度 | 安倍内閣支持 | 共産党へ投票 |
|---|---|---|---|
| 経済悪化 | 3～1 | -0.867 | 0.386 |
| 消費税反対 | 5～1 | -0.205 | 0.169 |
| TPP反対 | 5～1 | -0.155 | 0.241 |
| 憲法改正反対 | 5～1 | -0.117 | 0.372 |
| その他（略） | | | |

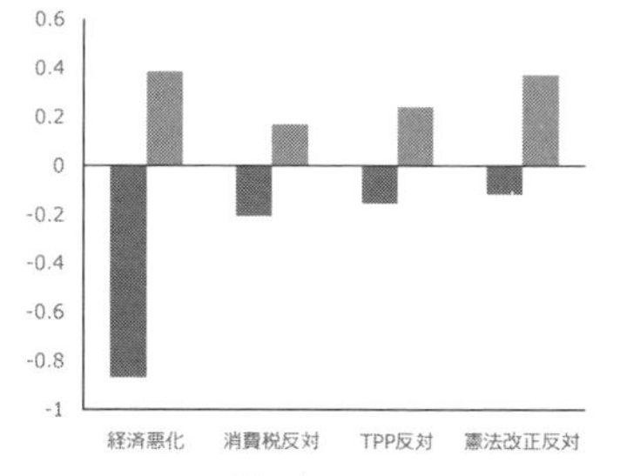

図 序-17

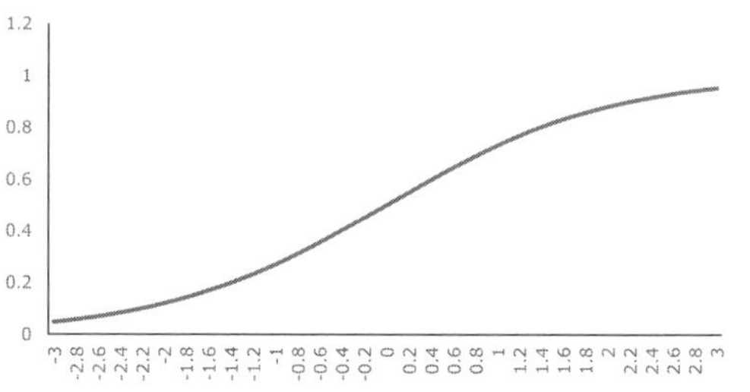

図 序-18　ロジスティック曲線(横軸＝合計点数)

【演習】　政治の客観的な分析はむずかしいといわれています．分析，解説する人の意見が入りあるいは入っていると見なされさらにある程度やむをえないと認められているのが現状です．分析はサイエンス(科学)であってほしいとの期待に対しては，公正に取られたデータに対し正しく適切と認められた方法で分析され，ディスカッションを経た結論は比較的信頼できると考えてよいでしょう．残念ながら日本ではこういうデータ分析は多くありません．さっそく見てみましょう．ここで取り上げるのは政党支持の調査に基づく研究で，簡単のために4つの政治的争点に話題を絞ります(表参照)．

まず，調査の回答の選択肢は次のようにコード化されて数になります．(これがPCに入力されます)

3段階：　3．賛成　　2．どちらでもない　　1．反対

5段階：　5．非常に賛成　　4．賛成　　3．どちらでもない　　2．反対　　1．非常に反対

4問ありますが，この回答の数値を，ウェイト(表)を付けて合計します．これを曲線の横軸に適用(代入)して確率を読むのですが，横軸の右へ行く(大きくなる)ほど確率は大きくなります(図参照)．多少むずかしい言い方ではロジット分析とかプロビット分析とよばれます．ただし，ここでは「合計」までとし確率は求めません．

○　次の2通りの回答A, Bのどちらが安倍内閣支持の確率が大きいですか．

A　経済悪化＝3，消費税反対＝4，TPP反対＝3，憲法改正反対＝3(経済問題重視型)

B　経済悪化＝2，消費税反対＝4，TPP反対＝3，憲法改正反対＝1(憲法問題重視型)

○　野党として共産党を分析の対象とします．次の2通りの回答A，Bのどちらが共産党への投票の確率が大きいですか．タイプは前と同じです．

A　経済悪化＝3，消費税反対＝4，TPP反対＝3，憲法改正反対＝3(経済問題重視型)

B　経済悪化＝2，消費税反対＝4，TPP反対＝3，憲法改正反対＝1(憲法問題重視型)

☞ QMSS＋　https://www.bayesco.org/top

# 〔研究〕データM：粉飾決算データを統計的に検討する（大手電機メーカー）

## 売上げ水増しで，売上高–売上債権の関係が変化

①売上高・売上債権年次推移（単位：10億円）

| 年度 | 売上高 | 売上債権 |
|---|---|---|
| 10/3 | 5,458 | 1,219 |
| 11/3 | 5,301 | 1,138 |
| 12/3 | 5,749 | 1,168 |
| 13/3 | 5,951 | 1,197 |
| 14/3 | 5,394 | 1,086 |
| 15/3 | 5,656 | 1,090 |
| 16/3 | 5,580 | 1,036 |
| 17/3 | 5,836 | 1,121 |
| 18/3 | 6,344 | 1,254 |
| 19/3 | 7,116 | 1,372 |
| 20/3 | 7,668 | 1,312 |
| 21/3 | 6,655 | 1,083 |
| 22/3 | 6,382 | 1,184 |
| 23/3 | 6,399 | 1,124 |
| 24/3 | 6,100 | 1,308 |
| 25/3 | 5,727 | 1,372 |
| 26/3 | 6,503 | 1,506 |

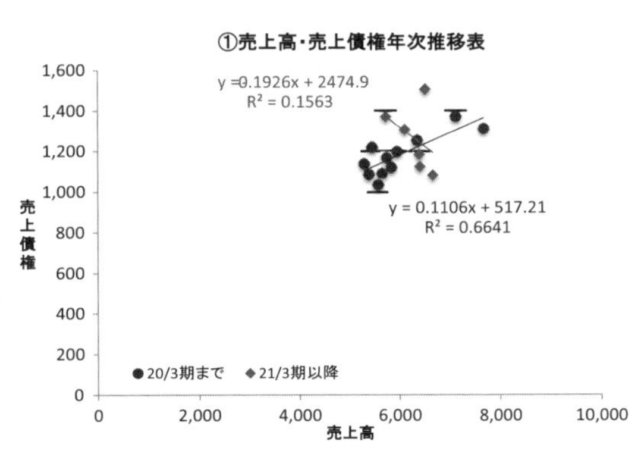


②売上高・売上債権四半期推移（単位：10億円）

| 四半期 | 売上高 | 売上債権 |
|---|---|---|
| 20/9 | 1,877 | 1,198 |
| 12 | 1,488 | 1,019 |
| 21/3 | 1,671 | 1,083 |
| 6 | 1,340 | 894 |
| 9 | 1,616 | 1,039 |
| 12 | 1,578 | 1,015 |
| 22/3 | 1,848 | 1,184 |
| 6 | 1,469 | 983 |
| 9 | 1,630 | 1,036 |
| 12 | 1,589 | 1,030 |
| 23/3 | 1,729 | 1,124 |
| 6 | 1,326 | 994 |
| 9 | 1,586 | 1,007 |
| 12 | 1,442 | 1,021 |
| 24/3 | 1,746 | 1,308 |
| 6 | 1,269 | 1,061 |
| 9 | 1,417 | 1,043 |
| 12 | 1,357 | 1,187 |
| 25/3 | 1,757 | 1,372 |
| 6 | 1,391 | 1,206 |
| 9 | 1,649 | 1,246 |
| 12 | 1,550 | 1,339 |
| 26/3 | 1,913 | 1,506 |
| 6 | 1,408 | 1,325 |
| 9 | 1,700 | 1,412 |
| 12 | 1,608 | 1,486 |

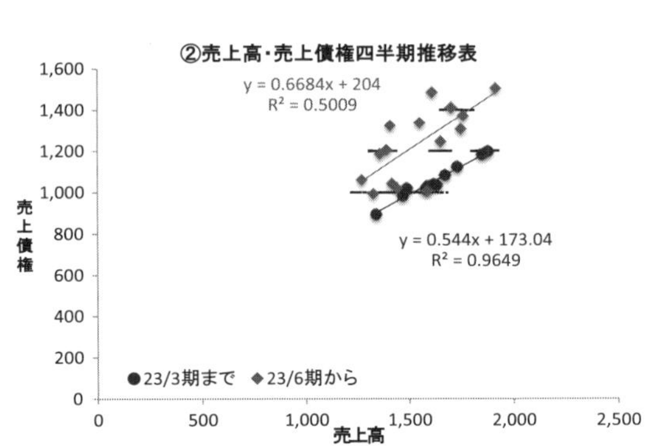


図 序-19　某社の売上高と売上債権の推移
参考：棚卸資産，原価率

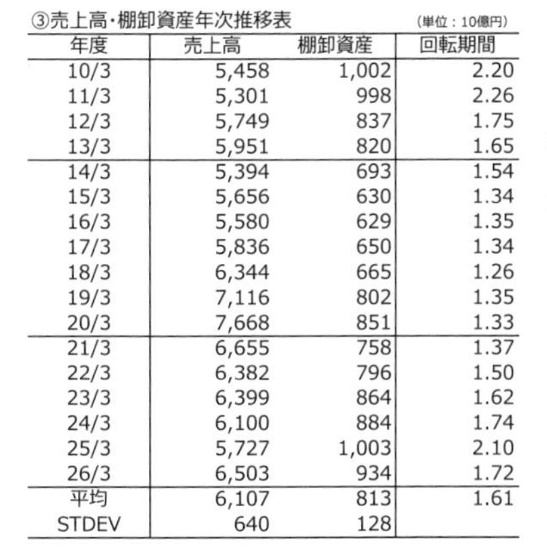

③売上高・棚卸資産年次推移表　(単位：10億円)

| 年度 | 売上高 | 棚卸資産 | 回転期間 |
|---|---|---|---|
| 10/3 | 5,458 | 1,002 | 2.20 |
| 11/3 | 5,301 | 998 | 2.26 |
| 12/3 | 5,749 | 837 | 1.75 |
| 13/3 | 5,951 | 820 | 1.65 |
| 14/3 | 5,394 | 693 | 1.54 |
| 15/3 | 5,656 | 630 | 1.34 |
| 16/3 | 5,580 | 629 | 1.35 |
| 17/3 | 5,836 | 650 | 1.34 |
| 18/3 | 6,344 | 665 | 1.26 |
| 19/3 | 7,116 | 802 | 1.35 |
| 20/3 | 7,668 | 851 | 1.33 |
| 21/3 | 6,655 | 758 | 1.37 |
| 22/3 | 6,382 | 796 | 1.50 |
| 23/3 | 6,399 | 864 | 1.62 |
| 24/3 | 6,100 | 884 | 1.74 |
| 25/3 | 5,727 | 1,003 | 2.10 |
| 26/3 | 6,503 | 934 | 1.72 |
| 平均 | 6,107 | 813 | 1.61 |
| STDEV | 640 | 128 | |

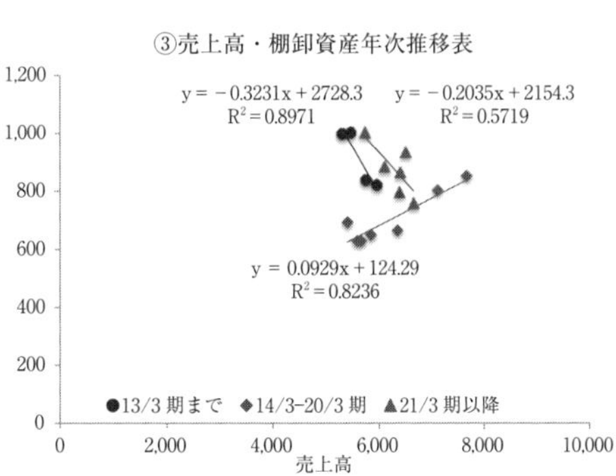




④原価率四半期推移表

| 四半期 | 売上高 | 売上原価 | 原価率 |
|---|---|---|---|
| 20/9 | 1,877 | 1,462 | 77.89 |
| 12 | 1,488 | 1,269 | 85.28 |
| 21/3 | 1,671 | 1,386 | 82.94 |
| 6 | 1,340 | 1,053 | 78.58 |
| 9 | 1,616 | 1,243 | 76.92 |
| 12 | 1,578 | 1,231 | 78.01 |
| 22/3 | 1,848 | 1,395 | 75.49 |
| 6 | 1,469 | 1,137 | 77.40 |
| 9 | 1,630 | 1,213 | 74.42 |
| 12 | 1,589 | 1,225 | 77.09 |
| 23/3 | 1,729 | 1,414 | 81.78 |
| 6 | 1,326 | 1,015 | 76.55 |
| 9 | 1,586 | 1,195 | 75.35 |
| 12 | 1,442 | 1,123 | 77.88 |
| 24/3 | 1,746 | 1,301 | 74.51 |
| 6 | 1,269 | 968 | 76.28 |
| 9 | 1,417 | 1,061 | 74.88 |
| 12 | 1,357 | 1,031 | 75.98 |
| 25/3 | 1,757 | 1,254 | 71.37 |
| 6 | 1,391 | 1,047 | 75.27 |
| 9 | 1,649 | 1,233 | 74.77 |
| 12 | 1,550 | 1,176 | 75.87 |
| 26/3 | 1,913 | 1,398 | 73.08 |
| 6 | 1,408 | 1,052 | 74.72 |
| 9 | 1,700 | 1,291 | 75.94 |
| 12 | 1,608 | 1,237 | 76.93 |



図 序-19 (続)

新聞でしばしば「粉飾決算」ということばを聞きます．どうも「悪い」ことらしいがどう悪いのか，専門入門書を開くと次の説明があります．

―現実に存在するものを隠す(借入金，費用など)，あるいは現実に存在しないものをするかのごとくに会計処理する(商品，売上)などの虚偽記載により，架空利益を計上する行為を「粉飾決算」，利益を隠した場合を「逆粉飾決算」といい，いずれも社会的に許されない行為である―

つまり，ウソをついて社会全体をだますことです．

よくある粉飾は架空の売上を計上して会社を良く見せることです．ふつう売上代金の入金は後になりますが(売掛金)，その分だけ売上高と売上債権(売掛金や約束手形)の正常なバランスが崩れ，それが統計データにあらわれるかもしれません(もっとも，巧妙な手口なら表れないかもしれません)

ある大手メーカーの売上高($x$)対売上債権($y$)の関係の失調を見てください．$x$ はヨコ軸の変数，$y$ はタテ縦軸の変数です．関係は直線(回帰直線といいます)でも図示してあります．

○　年次あるいは四半期の会計データから売上高の粉飾決算を疑わせる傾向を見出しましょう．

○　その傾向を図において指摘してください．

*本問は本文においても解説されています．

※データⅠの【演習】

今日では「プレゼンテーション」(説明，提示，表現)の技法が高度に発達し，いろいろないい工夫が凝らされていますが，内容が伴わないものもあります．内容がよく整理されずに詰め込まれ，量も多く字も小さく，理解されずに次ページに進むことで，実際には「説明」にはなっていません．配布されたプリントも十分に生かされませんから，パワーポイントでかえって説明の質が落ちるという逆もあります．

統計分析では，どのようなデータを用いて何を目的に何を示したいかがはっきり示されれば，必要以上に発表技法に凝ることはないでしょう．考えるべきことです．

○　プレゼンテーション２頁目で重要と思われる語句を３つ挙げて下さい．

○　１頁目と２頁目はどのように結びついていますか．

# 1章 データの活用

## はじめに

「データ」(data)とはもとはラテン語で「今ここに与えられた(もの)」(複数)，つまり「……となっていました」を意味する．いいかえれば，観察したり調べたりして知った事実の集まりのことで，必ずしも「数」とは限らない．ただし，統計学では数で表された事実であり，これを分析しまとめて役立てるのが統計学である．料理に例えればデータは「食材」である．食材がまずければいかにレシピやシェフの腕がよくてもいい料理はできない．そこで，データをおおまかに分類しておこう．まず「クロスセクション」と「時系列」である．

表 1.1　一般世帯と施設等の世帯および普通世帯と準世帯の対照：2015 年

<table>
<tr><td colspan="4">総世帯[1)]　53,448,685　(127,094,745)</td></tr>
<tr><td colspan="3">一般世帯　53,331,797　(124,296,331)</td><td rowspan="2">施設等の世帯<br>116,888　(2,798,414)</td></tr>
<tr><td></td><td colspan="2">単独世帯　18,417,922</td></tr>
<tr><td colspan="2">普通世帯　52,361,905　(123,326,439)</td><td colspan="2">準世帯　1,086,780　(3,768,306)</td></tr>
<tr><td>居住と生計を共にしている人の集まり<br>34,913,875<br>(105,878,409)</td><td>単独世帯<br>一戸を構えて住んでいる単身者<br>17,448,030</td><td>一人の準世帯<br>969,892<br>間借り・下宿などの単身者<br>357,786<br>会社などの独身寮の単身者<br>612,106</td><td>寮・寄宿舎の学生<br>5,675　(234,655)<br>病院・療養所の入院者<br>10,679　(549,115)<br>社会施設の入所者<br>60,984　(1,829,855)<br>自衛隊の営舎内居住者<br>2,581　(86,874)<br>矯正施設の入所者<br>731　(59,538)<br>その他<br>36,238　(38,377)</td></tr>
</table>

総務省統計局『国勢調査報告』による．10 月 1 日現在．(　)内は総世帯人員を示す．

## 1.1 クロスセクションデータ

表1は2015年における「日本の家族のタイプ」別のデータ(国勢調査)である．時点を定めて，あることについて広い範囲で調べたデータを「クロスセクションデータ」という．クロスセクションとは断面をいい，時間が縦の流れとすれば，時間を止めて横に切った切り口を意味する．

これに対して時間にしたがってとられたデータは「時系列」データといい，次節で述べよう．比較のため，表1.2は表1.4と対比して，図1.1として図1.2とまとめて示す．

表 1.2 自民党得票率(1983年総選挙)と持家比率

| 都道府県 | 自民投票率 | 持家比率 | 都道府県 | 自民投票率 | 持家比率 |
|---|---|---|---|---|---|
| 北海道 | 41.4 | 52.8 | 滋　賀 | 50.9 | 79.5 |
| 青　森 | 76.3 | 71.2 | 京　都 | 34.3 | 61.8 |
| 岩　手 | 59.2 | 72.6 | 大　阪 | 25.8 | 49.6 |
| 宮　城 | 51.8 | 63.7 | 兵　庫 | 32.1 | 59.6 |
| 秋　田 | 52.5 | 81.3 | 奈　良 | 34.4 | 72.1 |
| 山　形 | 53.2 | 81.8 | 和歌山 | 55.1 | 71.0 |
| 福　島 | 62.4 | 70.9 | 鳥　取 | 60.3 | 76.3 |
| 茨　城 | 55.0 | 74.2 | 島　根 | 57.0 | 72.8 |
| 栃　木 | 57.7 | 73.2 | 岡　山 | 45.6 | 71.8 |
| 群　馬 | 63.2 | 72.9 | 広　島 | 54.2 | 60.7 |
| 埼　玉 | 37.5 | 66.7 | 山　口 | 55.1 | 67.0 |
| 千　葉 | 48.5 | 65.7 | 徳　島 | 55.7 | 71.8 |
| 東　京 | 32.4 | 43.7 | 香　川 | 70.3 | 71.2 |
| 神奈川 | 20.5 | 55.5 | 愛　媛 | 61.8 | 68.3 |
| 新　潟 | 47.9 | 79.6 | 高　知 | 47.6 | 68.5 |
| 富　山 | 68.9 | 85.7 | 福　岡 | 42.5 | 54.8 |
| 石　川 | 68.5 | 75.3 | 佐　賀 | 71.3 | 76.0 |
| 福　井 | 52.5 | 80.5 | 長　崎 | 55.2 | 65.8 |
| 山　梨 | 63.3 | 73.0 | 熊　本 | 65.2 | 69.4 |
| 長　野 | 58.8 | 77.0 | 大　分 | 42.9 | 66.9 |
| 岐　阜 | 59.7 | 77.5 | 宮　崎 | 54.7 | 69.7 |
| 静　岡 | 48.4 | 69.2 | 鹿児島 | 62.0 | 71.2 |
| 愛　知 | 40.7 | 60.0 | 沖　縄 | 48.2 | 59.6 |
| 三　重 | 51.0 | 78.2 | 全　国 | 45.8 | 62.4 |

(総理府統計局．朝日新聞(1983年12月17日)より)

表 1.2 のデータは自民党得票率と持家比率である．このように，地域の特色を目標としてとられたデータを「地域データ」というが，これもクロスセクションデータである．ざっとみると，持ち家の多い県では自民党支持率が高い．政治学の研究からも関心を呼ぶ．

建物用途の地域特性(表 1.3)は東京 23 区部における建物用途別面積比率である．千代田区では官公庁用途が 10.4%で，区内の面積としては一番でなくとも，特化係数としては高い．全地域特化係数は地域データについて，その地域

表 1.3　東京都区部用途別建物延べ面積比率(2001 年，吉岡ほか)

| 区 | 官公庁 | 教育文化医療 | 供給処理 | 事務所 | 商業 | 宿泊遊興 | 独立住宅 | 集合住宅 | 工場 | 倉庫 | 計 |
|---|---|---|---|---|---|---|---|---|---|---|---|
| 千代田 | 10.4 | 9.5 | 0.1 | 60.9 | 4.1 | 5.6 | 0.8 | 7.2 | 0.2 | 1.2 | 100.0 |
| 中　央 | 2.4 | 3.4 | 1.5 | 57.7 | 10.4 | 2.8 | 1.5 | 15.9 | 0.9 | 3.5 | 100.0 |
| 港 | 2.8 | 6.8 | 1.0 | 43.1 | 7.7 | 7.5 | 3.7 | 23.1 | 1.0 | 3.3 | 100.0 |
| 新　宿 | 2.1 | 10.7 | 0.5 | 26.7 | 11.0 | 7.4 | 10.7 | 28.2 | 1.9 | 0.8 | 100.0 |
| 文　京 | 2.0 | 17.7 | 0.4 | 16.0 | 8.8 | 5.3 | 16.2 | 29.8 | 2.7 | 1.1 | 100.0 |
| 台　東 | 1.5 | 9.4 | 0.8 | 24.6 | 20.5 | 4.3 | 20.1 | 11.8 | 4.5 | 2.5 | 100.0 |
| 墨　田 | 0.9 | 7.5 | 0.8 | 10.2 | 17.0 | 2.7 | 13.7 | 30.5 | 14.0 | 2.7 | 100.0 |
| 江　東 | 1.4 | 5.0 | 2.4 | 12.3 | 9.2 | 1.8 | 7.3 | 38.0 | 6.0 | 16.6 | 100.0 |
| 品　川 | 0.9 | 7.1 | 1.2 | 16.7 | 9.5 | 2.4 | 15.5 | 32.8 | 6.9 | 7.0 | 100.0 |
| 目　黒 | 0.9 | 10.1 | 0.3 | 9.0 | 10.6 | 2.7 | 26.9 | 36.3 | 2.5 | 0.7 | 100.0 |
| 大　田 | 0.7 | 5.9 | 2.2 | 6.0 | 9.0 | 1.3 | 23.4 | 29.9 | 10.3 | 11.3 | 100.0 |
| 世田谷 | 0.6 | 9.1 | 0.5 | 4.2 | 9.2 | 0.7 | 37.4 | 36.3 | 1.0 | 1.0 | 100.0 |
| 渋　谷 | 1.0 | 9.6 | 0.2 | 25.5 | 18.6 | 4.8 | 12.2 | 26.8 | 0.6 | 0.7 | 100.0 |
| 中　野 | 1.0 | 7.2 | 0.1 | 6.0 | 9.4 | 1.1 | 27.4 | 46.0 | 0.9 | 0.9 | 100.0 |
| 杉　並 | 0.6 | 7.7 | 0.2 | 3.8 | 9.3 | 0.7 | 40.8 | 35.2 | 1.0 | 0.7 | 100.0 |
| 豊　島 | 1.1 | 9.0 | 0.3 | 15.3 | 14.8 | 4.2 | 18.9 | 34.2 | 1.3 | 0.9 | 100.0 |
| 北 | 1.1 | 8.4 | 0.4 | 5.1 | 10.8 | 0.8 | 23.1 | 40.7 | 6.7 | 2.9 | 100.0 |
| 荒　川 | 0.9 | 7.0 | 1.7 | 6.2 | 13.5 | 1.6 | 20.8 | 33.8 | 10.9 | 3.6 | 100.0 |
| 板　橋 | 0.6 | 7.7 | 0.8 | 3.5 | 10.7 | 0.7 | 22.1 | 41.8 | 8.5 | 3.6 | 100.0 |
| 練　馬 | 0.6 | 5.7 | 0.3 | 2.0 | 10.7 | 0.7 | 40.4 | 35.8 | 1.9 | 1.3 | 99.4 |
| 足　立 | 0.6 | 6.4 | 1.2 | 2.8 | 10.7 | 1.2 | 28.8 | 34.7 | 8.1 | 5.5 | 100.0 |
| 葛　飾 | 1.5 | 6.7 | 1.9 | 2.9 | 11.1 | 1.0 | 30.7 | 32.4 | 9.2 | 2.6 | 100.0 |
| 江戸川 | 0.5 | 6.2 | 1.3 | 3.3 | 9.0 | 1.0 | 26.5 | 40.5 | 7.9 | 3.8 | 100.0 |
| 東京都区部 | 1.5 | 7.8 | 1.0 | 15.1 | 10.4 | 2.6 | 21.0 | 32.0 | 4.7 | 3.9 | 100.0 |

注：単位は %，なお練馬区は四捨五入の結果合計が 100.0 にならない(東京都都市計画局『東京の土地利用平成 13 年東京都区部』より作成)

表 1.4　各都道府県の経済成長率(%)

| 県　別 | 昭和 60 年度 | 昭和 61 年度 | 昭和 62 年度 | 昭和 63 年度 | 平成 1 年度 | 平成 2 年度 | 平成 3 年度 | 平成 4 年度 | 平成 5 年度 |
|---|---|---|---|---|---|---|---|---|---|
| 1. 北海道 | 5.0 | 3.5 | 6.7 | 5.3 | 5.6 | 6.9 | 5.6 | 1.6 | 2.9 |
| 2. 青　森 | 6.6 | 1.2 | 3.4 | 4.1 | 8.1 | 6.7 | 2.8 | 4.1 | 1.3 |
| 3. 岩　手 | 5.4 | 4.2 | 6.4 | 2.8 | 9.4 | 6.4 | 4.9 | 3.4 | 1.5 |
| 4. 宮　城 | 6.4 | 4.2 | 4.9 | 4.6 | 8.2 | 8.2 | 5.6 | 2.9 | 0.6 |
| 5. 秋　田 | 5.4 | 3.6 | 3.6 | 3.6 | 5.5 | 8.0 | 4.9 | 1.1 | 2.8 |
| 6. 山　形 | 7.3 | 4.3 | 3.6 | 6.2 | 5.2 | 7.9 | 4.0 | 1.5 | 0.7 |
| 7. 福　島 | 6.8 | 3.4 | 4.4 | 6.4 | 9.0 | 7.6 | 5.8 | 1.8 | 0.5 |
| 8. 新　潟 | 6.9 | 3.3 | 4.3 | 5.6 | 5.4 | 8.1 | 6.0 | 2.7 | 2.6 |
| 小　計 | 6.0 | 3.5 | 5.1 | 5.1 | 6.8 | 7.4 | 5.3 | 2.2 | 1.9 |
| 9. 茨　城 | 4.6 | 3.6 | 6.5 | 8.9 | 7.9 | 10.4 | 4.3 | −1.2 | 0.6 |
| 10. 栃　木 | 5.9 | 2.6 | 6.1 | 7.7 | 8.1 | 7.9 | 3.3 | −1.4 | 1.4 |
| 11. 群　馬 | 5.8 | 1.7 | 6.2 | 9.7 | 6.8 | 5.1 | 6.3 | −0.2 | 0.2 |
| 12. 埼　玉 | 7.8 | 4.9 | 8.5 | 10.7 | 7.5 | 8.7 | 6.1 | 1.4 | 0.4 |
| 13. 千　葉 | 9.7 | 5.0 | 5.4 | 8.2 | 8.3 | 8.2 | 5.6 | 1.3 | 0.6 |
| 14. 東　京 | 8.3 | 7.2 | 8.0 | 8.3 | 9.6 | 6.8 | 1.7 | −1.3 | −0.1 |
| 15. 神奈川 | 8.9 | 3.8 | 9.2 | 5.2 | 8.2 | 11.1 | 3.3 | −1.3 | 0.3 |
| 16. 山　梨 | 10.1 | 0.3 | 7.6 | 7.0 | 6.8 | 7.3 | 2.4 | −2.5 | 2.8 |
| 17. 長　野 | 5.4 | 0.3 | 4.0 | 7.4 | 6.2 | 8.6 | 3.7 | 1.6 | 0.5 |
| 小　計 | 7.9 | 5.2 | 7.6 | 8.0 | 8.6 | 8.0 | 3.2 | −0.7 | 0.3 |
| 18. 静　岡 | 7.0 | 6.5 | 5.4 | 8.4 | 5.7 | 6.9 | 5.4 | −0.4 | −1.4 |
| 19. 富　山 | 4.9 | 3.5 | 6.7 | 7.0 | 5.9 | 7.5 | 3.8 | 0.6 | 0.2 |
| 20. 石　川 | 3.4 | 4.2 | 7.1 | 7.4 | 7.6 | 8.2 | 5.1 | 1.4 | 0.4 |
| 21. 岐　阜 | 4.4 | 3.7 | 6.6 | 7.4 | 6.3 | 6.6 | 5.4 | 0.8 | 0.8 |
| 22. 愛　知 | 8.2 | 3.7 | 6.9 | 7.5 | 7.6 | 8.3 | 5.4 | −1.0 | −2.1 |
| 23. 三　重 | 6.0 | 4.1 | 4.8 | 8.1 | 8.0 | 7.5 | 4.7 | 0.4 | −0.1 |
| 24. 福　井 | 8.0 | 4.3 | 2.6 | 3.7 | 5.3 | 7.0 | 4.2 | 3.5 | −0.3 |
| 小　計 | 6.8 | 4.4 | 6.2 | 7.5 | 6.9 | 7.7 | 5.2 | −0.1 | −1.1 |
| 25. 滋　賀 | 9.0 | 6.5 | 5.8 | 11.8 | 7.9 | 7.9 | 9.2 | −2.0 | −0.2 |
| 26. 京　都 | 8.3 | 3.4 | 3.0 | 5.9 | 3.5 | 6.4 | 6.1 | 2.6 | 1.7 |
| 27. 大　阪 | 5.7 | 2.8 | 4.3 | 7.7 | 7.1 | 7.5 | 4.3 | 0.3 | −1.4 |
| 28. 兵　庫 | 3.6 | 2.1 | 6.3 | 8.1 | 7.0 | 8.0 | 5.5 | 1.2 | 0.3 |
| 29. 奈　良 | 8.1 | 3.5 | 9.0 | 5.4 | 8.8 | 8.2 | 3.3 | 1.8 | 0.8 |
| 30. 和歌山 | 7.0 | −0.5 | 2.4 | 4.8 | 3.5 | 6.7 | 6.1 | 0.8 | 4.6 |
| 小　計 | 5.8 | 2.8 | 4.8 | 7.6 | 6.9 | 7.5 | 5.1 | 0.7 | −0.2 |

【次頁に続く】（経済企画庁(当時)『県民経済計算年報』平成 8 年版「県民総支出」総括表より）

【前頁からの続き】

| 県　別 | 昭和60年度 | 昭和61年度 | 昭和62年度 | 昭和63年度 | 平成1年度 | 平成2年度 | 平成3年度 | 平成4年度 | 平成5年度 |
|---|---|---|---|---|---|---|---|---|---|
| 31. 鳥　取 | 3.7 | 3.3 | 7.2 | 7.4 | 7.1 | 6.6 | 3.9 | 1.0 | 1.1 |
| 32. 島　根 | 1.2 | 3.1 | 4.5 | 6.7 | 6.1 | 5.6 | 1.1 | 0.8 | |
| 33. 岡　山 | 5.9 | 2.9 | 4.9 | 8.0 | 6.2 | 6.2 | 4.8 | 1.5 | −1.0 |
| 34. 広　島 | 4.4 | 4.1 | 3.8 | 8.7 | 7.9 | 7.3 | 5.0 | 1.0 | −1.9 |
| 35. 山　口 | 4.7 | 3.6 | 5.0 | 6.2 | 3.9 | 5.9 | 4.9 | 3.2 | −0.1 |
| 小　計 | 4.5 | 3.6 | 4.6 | 7.7 | 6.5 | 6.6 | 4.9 | 1.6 | −0.9 |
| 36. 徳　島 | 3.4 | 3.8 | 7.9 | 7.3 | 5.8 | 6.8 | 3.6 | 2.2 | 0.9 |
| 37. 香　川 | 4.6 | 4.7 | 4.8 | 8.5 | 9.2 | 7.0 | 4.4 | 2.6 | 0.2 |
| 38. 愛　媛 | 1.6 | 3.4 | 3.0 | 6.8 | 8.5 | 6.1 | 2.3 | 1.9 | 3.7 |
| 39. 高　知 | 4.4 | 2.5 | 4.3 | 4.6 | 5.4 | 6.5 | 4.9 | 2.8 | 3.1 |
| 小　計 | 3.2 | 3.6 | 4.6 | 7.0 | 7.6 | 6.6 | 3.6 | 2.3 | 2.1 |
| 40. 福　岡 | 5.9 | 2.9 | 4.6 | 7.3 | 6.1 | 7.8 | 5.6 | 2.5 | 1.6 |
| 41. 佐　賀 | 5.6 | 5.3 | 3.9 | 4.8 | 5.3 | 5.5 | 4.6 | 6.3 | 4.4 |
| 42. 長　崎 | 4.8 | 4.3 | 3.8 | 3.8 | 10.0 | 5.1 | 5.9 | 3.6 | 2.4 |
| 43. 熊　本 | 4.0 | 3.3 | 4.6 | 6.1 | 6.5 | 6.8 | 3.8 | 1.7 | 0.5 |
| 44. 大　分 | 1.6 | 4.8 | 5.7 | 7.9 | 9.6 | 3.1 | 5.7 | 2.3 | 1.2 |
| 45. 宮　崎 | 3.7 | 4.6 | 7.8 | 3.5 | 7.3 | 6.4 | 2.8 | 4.9 | −0.3 |
| 46. 鹿児島 | 3.8 | 3.9 | 3.6 | 4.4 | 7.0 | 6.7 | 4.0 | 2.7 | 1.4 |
| 47. 沖　縄 | 7.0 | 6.7 | 5.2 | 4.9 | 7.6 | 5.5 | 4.9 | 2.3 | 3.0 |
| 小　計 | 4.8 | 3.9 | 4.7 | 6.0 | 7.1 | 6.5 | 4.9 | 2.9 | 1.6 |
| 全県計 | 6.5 | 4.2 | 6.1 | 7.3 | 7.6 | 7.5 | 4.3 | 0.5 | 0.3 |

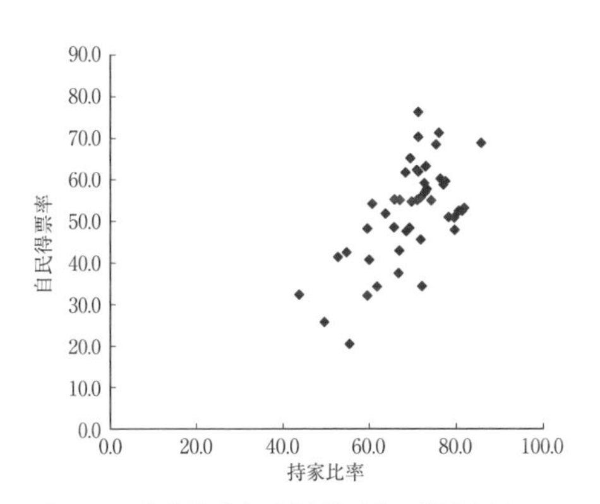


図 1.1　持家比率と自民得票率の散布図(クロスセクション)

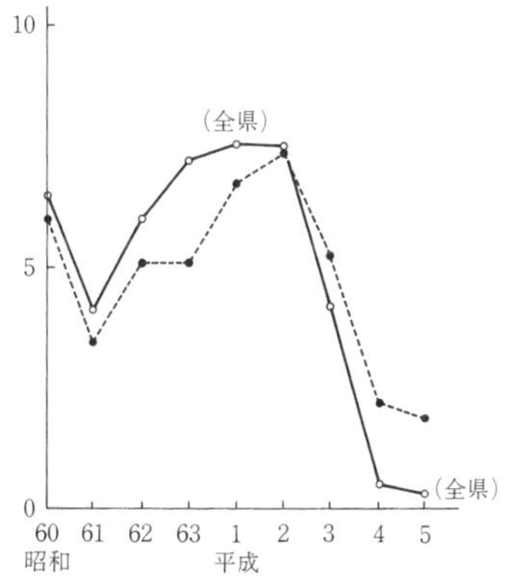


図 1.2　経済成長率(時系列)の比較：東北日本全県(時系列)

の特色を表す分析方法として有用である．

表1.4のデータは地域経済の成長率を年次ごとに(縦方向に)各県で集めたデータである．ところが，この表を横方向に時間で見ることもできる．

## 1.2 時系列データ

時間的変化の様子を追いかけたデータを「時系列データ」という．おなじみのGDP(国内総生産)，CPI(消費者物価指数)，TFR(合計特殊出生率，後述)，都道府県別・市町村別人口など，政府や自治体から公表されるデータは圧倒的にこのタイプで，折れ線グラフを描き，まず目で，さらに統計分析によって，変化のルール，法則，目立った特徴などを見出すことができる．表1.4のデータは都道府県別の地域経済の成長率の時系列データである．やや古いが「バブル崩壊」をはっきりと読み取ることができるところが興味深い．

最近の関心あることがらとして，日本人の死亡原因別死亡率の移り変わりのデータを紹介する(表1.5)．このままでも十分に傾向はわかるが，時系列グラフを作成するとさらにはっきりする．

**表 1.5** 死亡率によってみた死因順位　　　(人口10万対)

| 順位 | 2010年 | | 2015年 | | 2019年 | |
|---|---|---|---|---|---|---|
| | 死　因 | 死亡率 | 死　因 | 死亡率 | 死　因 | 死亡率 |
| 1 | 悪性新生物 | 279.7 | 悪性新生物 | 295.5 | 悪性新生物 | 304.2 |
| 2 | 心疾患 | 149.8 | 心疾患 | 156.5 | 心疾患 | 167.9 |
| 3 | 脳血管疾患 | 97.7 | 肺炎 | 96.5 | 老衰 | 98.5 |
| 4 | 肺炎 | 94.1 | 脳血管疾患 | 89.4 | 脳血管疾患 | 86.1 |
| 5 | 老衰 | 35.9 | 老衰 | 67.7 | 肺炎 | 77.2 |
| 6 | 不慮の事故 | 32.2 | 不慮の事故 | 30.6 | 誤嚥性肺炎 | 32.6 |
| 7 | 自殺 | 23.4 | 腎不全 | 19.6 | 不慮の事故 | 31.7 |
| 8 | 腎不全 | 18.8 | 自殺 | 18.5 | 腎不全 | 21.5 |
| 9 | 慢性閉塞性肺疾患 | 12.9 | 大動脈瘤及び解離 | 13.5 | 血管性等の認知症 | 17.3 |
| 10 | 肝疾患 | 12.8 | 慢性閉塞性肺疾患 | 12.6 | アルツハイマー病 | 16.8 |

厚生労働省政策統括官(統計・情報政策担当)『人口動態統計』による．1)報告漏れを含む改訂値．

## 1.3　クロスセクションと時系列

一方，表1.4は時系列の集まりとして見ることもできるから，それを試みた例の1つが，図1.2である．47都道府県すべてについて行うとかえって見にくくなるので，幸い地域分類が行われていることを利用し，地域別の変化を見る事ができる．これとクロスセクションデータの分析を組み合わせれば，さらに理解が深まる．ここでも，バブルの形成とバブル崩壊をまざまざと見ることができる．

## 1.4　クロス表と多重クロス表

ここまではデータの取られ方を述べたが，データの内容から，量を「測った」(measured)データか，数を「数えた」(counted)データかの区別がある．前者を「計量データ」といい，時間，重量，長さなどの物理量や経済量が例であり，後者を「計数データ」といい，人数，件数，回数，個数(以上，度数という)などがそれである．

計数データはある基準項目があって，項目の各分類(カテゴリー)に当てはまる度数を数えたデータである．多いのは項目が性別で，男性・女性の2カテゴリーの場合である．大学の学生生活調査には，自宅通学か下宿か(住居項目)を性別で調査したデータがあるが，これは項目が性別×住居のタテヨコの「二重クロス表」である．二重クロス表の統計分析には決まった方法がある．

むしろ，医学データ，経営学データ，社会や人文科学では，深く詳しい分析のために，進んだクロス表として，三重クロス表，四重クロス表まである．三重クロス以上では，一挙に表せないので表し方は工夫する．

**例**　〈薬学・医学で，余病×処置×予後の三重クロス表〉　この基準の順で分類を進める．あらかじめ余病があるかないかで，処置の予後が異なることは十分に予想される(表1.6)．

**例**　〈住宅建築方式ごとに接触度と満足度は関係があるか〉　建築方式×意見

表 1.6 クロス表

2×2×2 三重クロス表

| | 余病あり | | 余病なし | |
|---|---|---|---|---|
| | 従来 | 新規 | 従来 | 新規 |
| 死亡 | 950 | 9,000 | 5,000 | 5 |
| 快復 | 50 | 1,000 | 5,000 | 95 |

2×2 二重クロス表

| | 従来 | 新規 |
|---|---|---|
| 死亡 | 5,950 | 9,005 |
| 快復 | 5,050 | 1,095 |

表 1.7 居住の満足度の評価(4 重クロス表) 4×3×1×3 の表(72 のエントリー)

| 建築形式 | 意見の有効性 | 満足度 | | | | | |
|---|---|---|---|---|---|---|---|
| | | 接触度低 | | | 接触度高 | | |
| | | 低 | 中 | 高 | 低 | 中 | 高 |
| 高　　層 | 低 | 21 | 21 | 28 | 14 | 19 | 37 |
| | 中 | 34 | 22 | 36 | 17 | 23 | 40 |
| | 高 | 10 | 11 | 36 | 3 | 5 | 23 |
| マンション | 低 | 61 | 23 | 17 | 78 | 46 | 43 |
| | 中 | 43 | 35 | 40 | 48 | 45 | 86 |
| | 高 | 26 | 18 | 54 | 15 | 25 | 62 |
| アトリウム | 低 | 13 | 9 | 10 | 20 | 23 | 20 |
| | 中 | 8 | 8 | 12 | 20 | 22 | 24 |
| | 高 | 6 | 7 | 9 | 7 | 10 | 21 |
| テラスハウス | 低 | 18 | 6 | 7 | 57 | 23 | 13 |
| | 中 | 15 | 13 | 13 | 31 | 21 | 13 |
| | 高 | 7 | 5 | 11 | 5 | 6 | 13 |

の有効性×満足度×接触度について，コペンハーゲンの例で 1681 ケースを 108 通りに分類した四重クロス表である(表 1.7).

多重クロス表は微妙な様子を細かく見るのに適しているが，慎重にあつかうことが重要である．ことに，足し算して三重クロス表を二重クロス表に転換すると，三重クロス表で知ることができた特色が消えたり逆の傾向がでたりで，次節に述べる「シンプソンの逆説」はよく知られている．ここでも余病有では快復率は従来で 5%，新規で 10%，余病無では従来で 50%，新規で 95%で，いずれも新規有利であるが，全体で見ると新規の方が極めて分が悪い.

## 1.5　量的データと質的データ：4つの尺度

最初から数量になっていないデータが日常生活には多い．性別，職業分類，学歴，住所・本籍などは「量」でなく「質」である．好き嫌い，賛成・反対，意味や感覚なども質だが，程度を含んでいる．例えば，

質問：「あなたは消費税率を5%にすることについてどう思われますか」

に対して，

「大いに賛成」「賛成」「どちらでもない」「反対」「大いに反対」

の5選択肢で解答してもらう場合，数量5，4，3，2，1を与えるのはある程度(厳密ではないが)合理的かもしれない．もちろん3選択肢

「賛成」「どちらでもない」「反対」

なら3，2，1でも同様である(図1.3)．もっとも，

5. 大いに賛成　4. 賛成　3. どちらでもない　2. 反対　1. 大いに反対

表 1.8　シンプソンの逆説

全群

| | 効果あり | 効果なし | 計 | 効果(%) |
|---|---|---|---|---|
| **治療** | **20** | **20** | **40** | **50** |
| 制御 | 16 | 24 | 40 | 40 |

女性

| | 効果あり | 効果なし | 計 | 効果(%) |
|---|---|---|---|---|
| 治療 | 2 | 8 | 10 | 20 |
| **制御** | **9** | **21** | **30** | **30** |

男性

| | 効果あり | 効果なし | 計 | 効果(%) |
|---|---|---|---|---|
| 治療 | 18 | 12 | 30 | 60 |
| **制御** | **7** | **3** | **10** | **70** |

性別それぞれでは治療法は劣るのに，全体では効果がある

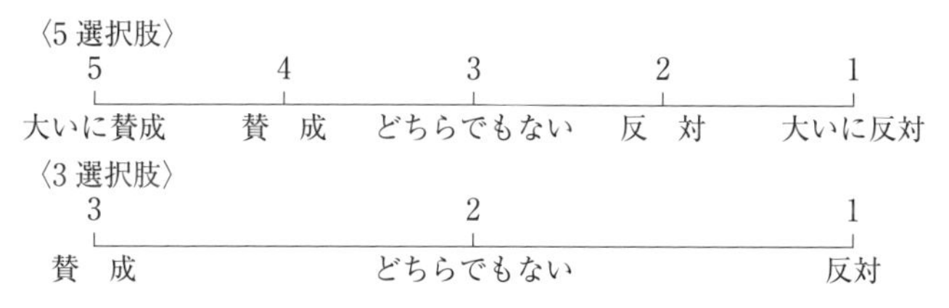


図 1.3　間隔尺度上の選択肢

のようにすることが選択肢の並び方の順序の番号なのか，cm 単位のように間隔も含むのか微妙である．前者を「順序尺度」，後者を「間隔尺度」という．順序を加減することは意味がない．反対＋どちらでもない＝賛成ではない．ところで，間隔は引き算であるから，大いに賛成と賛成の間隔は 1 であるとか，大いに賛成とどちらでもないの間隔はそれより大きく 2 である，という言い方はゆるされる(心理的に合うように改善してもよい)．「賛成」と「どちらでもない」の「中点」は(3＋4)/2=3.5 としても計算上は意味が通じる．

間隔尺度はより本物のものさしに近く，社会的あるいは心理的な分析で使い勝手がいい．分野はちがうが，摂氏温度℃も間隔尺度になっている．ただし，長さ，重さ(質量分析で)にくらべて実体的というよりは心理的・感覚的である．これらとのちがいをどう表現するかは難しいが，○倍重い，長いとはいうが，○倍暑い，寒いとは言わないし言えない．長さ，重さ(質量)のように「比」に意味があるものさしを「比尺度」という．比尺度は間隔尺度よりも進んだ尺度である．経済量は貨幣の個数であるから比尺度と考えられる面がある．

そういえば，前後するが，性別を 0，1 で表すとき，0，1 は単に名前の代用として名目(名義)だけの役割で，あとは一切計算が考えられない．0.5 という「性」はない．これを「名目尺度」という．尺度を使いやすさの順に 4 つの尺度

名目尺度 — 順序尺度 — 間隔尺度 — 比尺度

を並べておこう．もちろん，PC にはこの区別はできないので，人間が入って判断する必要がある．

## 1.6 「ビッグデータ」と機械学習

いわゆる「ビッグデータ」を活用できるか，という大きな課題がある．「ビッグデータ」とは何か，どのようなビッグデータがあるのか，どのように活用

---

*「比尺度」ratio scale を「比例尺度」と言っている例がある．

できるかを考えると，答えは容易ではなく結論的なものはない．ビッグデータ旋風もやや静まった観があり，「ビッグデータ」とは何かという議論も出てきている．

単に，営業活動，研究開発活動の日常データが蓄積されただけの「集まったデータ」は，ここまで述べてきた粗い整理をするだけでさえ，時間，マンパワー，費用がかかり，採算上の問題が出てくることは避けられない．ただし，目的をピンポイントにしてコンパクトな統計分析で経験と成功体験を積み，将来の計画として「集めたデータ」に移っていく戦略は可能であろう．その戦略を立てるために，機械学習の結果を参考にすることは有効であるが，あくまで参考で，それ以上はやはり統計学の心がまえは必要である．

民間の調査会社が実施し，企業等に提供するマーケティング・データを「シンジケートデータ」という．各企業は自社のデータから売上などの状況を把握しているが，ライバル会社のデータを持っておらず競合の商品やサービスの状況も分からない．そのためシンジゲートデータを購入し，競合商品・サービスの動向の把握し，日々のマーケティング活動に利用している．今後，このマーケティングデータは，顧客のあるデータは商品として年々進化して「集めたデータ」であるから，比較的扱いやすく，機械学習活用のチャンスはある．

ただし，機械学習と言っても人知をPCに植え込んだシステムだから万能ではなく，人の知識次第である．その場はしのげるが長期的には疑問符が付き，競争の中努力の打ち尽くしになるかもしれない．シンジケートデータも常在競争の場で，この分野でも，例えば映像業界に見られる動画配信サービスの台頭にあるように，海外から日本に進出し，急成長しているYoutubeやNetflixからの影響を無視できなくなる状況と同じことが起きるかもしれない．

# 2章

# グラフを書く

統計データとそのグラフ(「図」ともいう)は「表」と並んで密接に結びついていて，切り離しては考えられない．統計学というと自動的に「計算」だと思う人が多いが，そうとも限らない．計算しなくてもデータをグラフに表すことで分析になることも多い．大工にとって大工道具が欠かせぬように，統計分析にとってグラフは欠かせないツールである．実際，2つのケースがある．

①計算結果をグラフで見易くする(自動的であることが多い)

②グラフにすることで，何かがわかるあるいは何を計算するか見当がつく

自分からこの2つができるなら，統計力のエキスパートに近くなる．だから，本書は初めのところにグラフを示し，グラフで読者をさそっている．

## 2.1　棒グラフ，円グラフ

棒グラフとはまずは文字どおり棒状のグラフを云う，視覚的にわかり易く非常によく使われ，解釈力のトレーニングのいい例になる．例えば，男性285人，女性308人をそれぞれ棒の長さで示す(図2.1)．横でも縦でもよい．

一本の棒で，中味を%で示すこともある．たとえば

東京：男性　53%，女性47%　($n=823$)

大阪：男性　59%，女性41%　($n=492$)

ならば，棒の中が%の長さで分けられる．棒の数を増やし都道府県別などの場合もある．ただし，棒の長さがすべて100にそろい，何人かの総数が出ないのは不適切である．全般に言えることでは，総数($n$)のない%はしばしば疑われ，本当に広く調査したのか信用性は落ちる．棒の長さを個別に何人あるいは

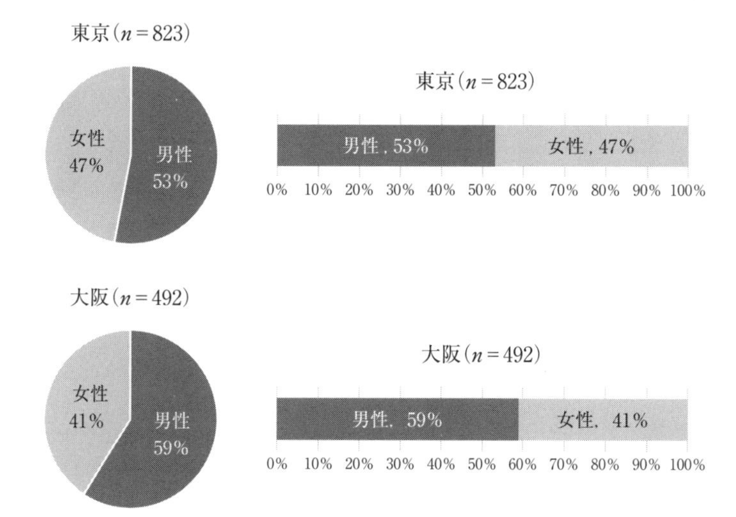


図 2.1　円グラフと棒グラフ

何件などの数($n$)に合わせる工夫も考えてよい．少なくとも $n$ を示すことが望ましい．

円グラフも非常によく使われ，わかりやすさもやや優れているが，スペースを取るなどの難点もある．棒グラフと近いもので，

① データの件数が多い量的データ　500 人の成績データを点数区分でヒストグラム(後述)で表示する．「棒グラフ」とはいわない．

② 時間で増減を見せる変化データ(時系列データ)　例えば 2000 年～2020 年の GDP データは変化のデータなので，折線グラフが定石である．棒グラフも誤りではないが非常に見にくく，幼稚に見えることがある．メディアで変化グラフなのに棒グラフを用い，横軸は時間で，月，年，などがくるケースもある．したがって，変化ではないデータの表示に棒グラフを用いるのは変則であまり望ましくない．

## 2.2　折線グラフ

「変化のグラフ」として親しまれ，見たことのない人はいないだろう．何本

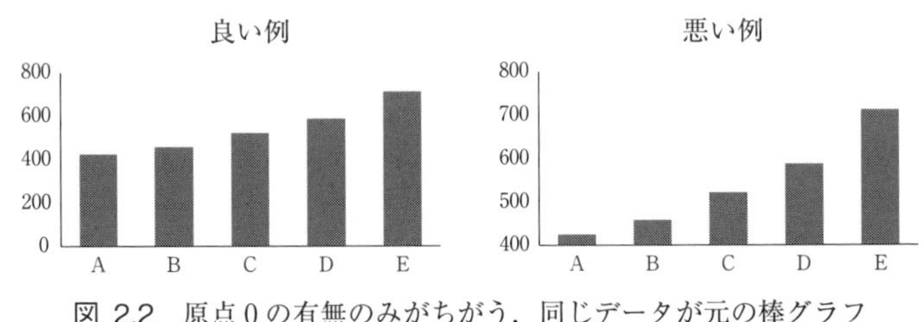


図 2.2　原点 0 の有無のみがちがう，同じデータが元の棒グラフ

も重ねて用いてもよいが，単位が異なるとややこしく見にくくなり，勧められない．例えば一方が円，他が＄などでは判りにくい．

**ルールと注意**：折れ線グラフ，棒グラフの縦軸に対する注意がある．

① 原点 0 を意図的にカットする操作がある．統計の誤用，悪用としては最古のケースといってよく，頻繁に見られる(図 2.2)．ある会社の売上高が年次で(図 2.2 左図)

413, 451, 503, 583, 699(億円)

となっているとき，9.2，11.6，16.0，19.9(%)程度のおだやかな増加である．しかし 400 億円を原点にとってグラフを書くと 13，51，103，188，199 のように(図 2.2 右図)大幅増加と錯覚してしまう．虚偽表示ではないが，それに近い．

経済量の増加はふつうさほど大幅なものではないから，元データをそのまま示しても常識からわかりにくいとの難点にはならないだろう．事実を超えてまでわかりやすくすることは必要ない．データだからすべて客観的に正しいと鵜呑みにするのではなく，データに対しても批判の眼も欠かさない文明人の常識を持ちたい．

② 非常に大きく変わったり，大きく異なるデータの場合，例えば生物の個体数のように

25, 182, 965, 1540, 8210　(匹)

は 10, 100, 1000, 10,000，…が等間隔に並ぶ目盛りを用いる．これを「対数目盛」という．この場合は図を見る側も注意すべきである．次章 3.1 を参照．

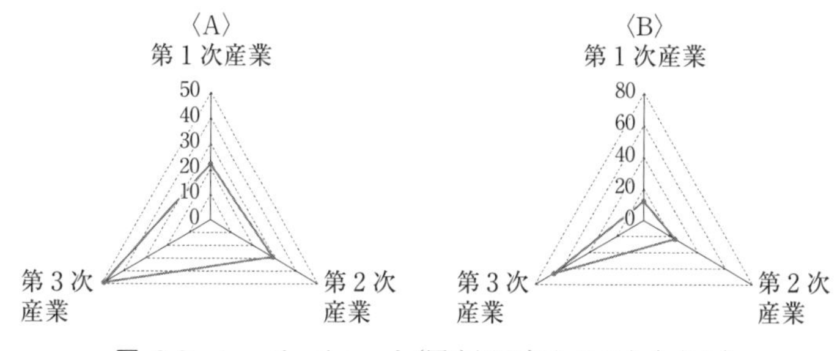

図 2.3　レーダーチャート(同心円が加わることもある)

## 2.3　レーダーチャート：全体を比較できる

「レーダー」といえば船舶のブリッジにある制御用の機械を思い出すかもしれないが，元は同じで，中心から放射状態のグラフで示す．一組になった同種類のデータを何組も表示して大局的に比較するのによい．例えば

A：第一次産業　22%，第二次産業　29%，第三次産業　49%

B：第一次産業　12%，第二次産業　23%，第三次産業　66%

を3方向に放射状に120°ずつ異なる方向で示す(図2.3)．A，Bを別々にあるいは束ねてもどちらでもよい．異なった組の間であっても組の中を比べるのにも，適している．ただし，示されるデータは同種類とか基準化(例えば，指数化あるいは偏差値)されたものである．山手線のデータは指数化されている．

組の中には何通りでもよく，3通りなら120°ずつ，4通りなら90°ずつ，5通りなら72°ずつ異なる方向へ放射的に示される．棒グラフにはない機能で組ごとの表示，比較にすぐれ，Excelにもある．統計学では「多次元のグラフ」(星座グラフ，チャーノフのフェイス・グラフなど)のひとつとされている．

## 2.4　相関図：データの花吹雪から統計学事始め

「相関図」とか「相関関係」というと，なるほど統計学らしくなってきたと思う人も多い．たしかに棒グラフにしただけではプレゼンでただの「絵」では

表 2.1　家庭内での兄弟と姉妹の身長

| 兄弟 $x$ | 姉妹 $y$ |
|---|---|
| 71 | 69 |
| 68 | 64 |
| 66 | 65 |
| 67 | 63 |
| 70 | 65 |
| 71 | 62 |
| 70 | 65 |
| 73 | 64 |
| 72 | 66 |
| 65 | 59 |
| 66 | 62 |

(インチ)

(スネデカー，コクラン『統計的方法』岩波書店より)

表 2.2　年齢階級(中点)と血圧の平均

| 年齢階級 $x$ | 血圧の平均 $y$ |
|---|---|
| 35 | 114 |
| 45 | 124 |
| 55 | 143 |
| 65 | 158 |
| 75 | 166 |

(スネデカー，コクラン『統計的方法』岩波書店より)

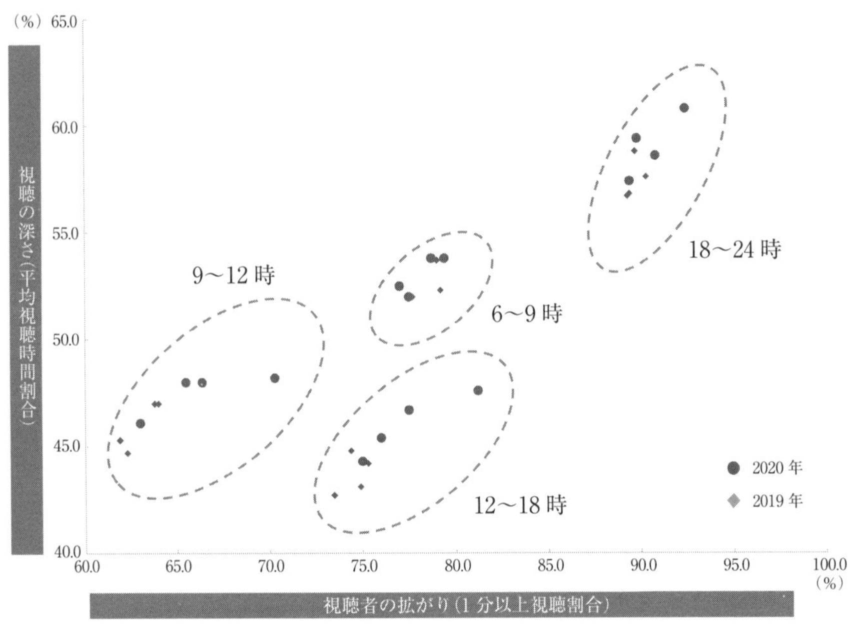


図 2.4　2019・2020年　視聴者の拡がりと深さ(世帯)〈関東地区〉コロナが蔓延する中，緊急事態宣言の発令によりテレビの視聴にどのような変化があったか，散布図で表した例［テレビ調査白書(ビデオリサーチ)，2018年12月31日-2020年12月27日集計］

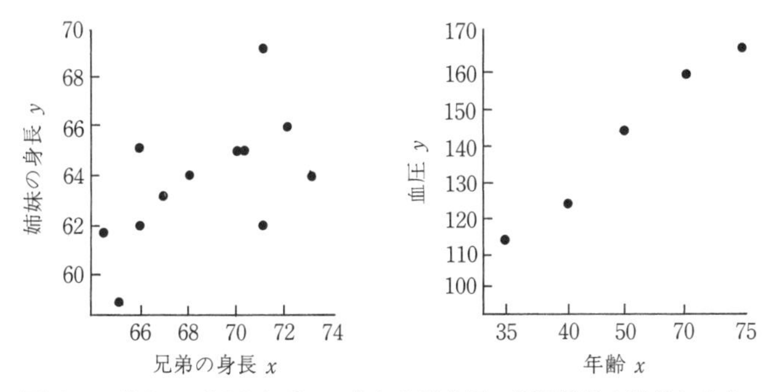


図 2.5　表 2.1，表 2.2 をグラフ化した散布図，相関係数も計算しよう．

ないかと感じられる．ものごとの関係に関心をもつことは科学する心のちょっとした飛躍であり，相関図こそ統計分析の本格的はじまりである．相関図は一見して何かフワーッとした点の花吹雪のようであるが，この意味や解釈は意外なほど深い．相関関係が一通りわかれば，ちょっとした自信を持ってよい．企業データも相関図にされていることもある(図 2.4)．

そこで，身長と体重，年齢と血圧，年齢と肺活量，真夏日日数とエアコン普及率など，2 つの量が関係している様子を調べるために，一方を横軸に他方を縦軸にとって点を打つが，これを「相関図」とか「散布図」という(図 2.5)．たがいの関係を点の集中や散らばりから見る図というほどの意味である．手始めに，兄弟の身長と姉妹の身長はほとんど相関関係がないが，年齢と血圧はピシャリ正の相関関係がある．どのように相関図に現れているだろうか．一目見ておこう．まずは統計学の最新のルールといってよい．

> $x$ と $y$ の相関関係(全体傾向)
>
> 正の相関関係：$x$ が増加(減少)$\Leftrightarrow$ $y$ が増加(減少)
>
> 負の相関関係：$x$ が増加(減少)$\Leftrightarrow$ $y$ が減少(増加)
>
> 相関関係はない：どちらでもない

日常を越えて専門知識にわたり，仕事に関わるならなおさら欠かせない．例えば，多少本格的になるがインフレ率と失業率(経済学)，投票率と自民党支持率(政治学)，入眠剤投与量と睡眠時間(医学，看護学)数学の成績と理科の成績(教育学)，経過時間と記憶再生量(心理学)，A 株式と B 株式の利回りの関係(ポートフォリオ分析)，商品の A 銘柄と B 銘柄のそれぞれの販売量(経済学，マーケティング)，材料強度と破壊量(工学)など限りないケースがある．

何らかの数量的関係があるとき「相関関係」があるという．ただし，あるように見えるにすぎないことも多く，注意が必要である．相関関係のあるなしは図を見てはっきりしていることも多いが，微妙なときは「相関係数」の計算に持ち込まれる．相関図(統計学では「散布図」)も相関係数も Excel に用意されている．一度は試しておこう．

*相関図は「散布図」といわれることが多い．エクセルもこの呼び名にしたがっている．相関関係の図だから「相関図」といっている．

## 2.5 度数分布とヒストグラム

「古い」と言われるかもしれない．おそらく一世紀近くにわたって統計学の第一章を飾ってきたものであるが，それにはそれだけの理由がある．

統計データでよく用いる基本的な分析法の 1 つは，度数分布表をつくり，そ

表 2.3　統計学試験点数の度数分布表

| 階　級 | 階級値 | 度　数 | 相対度数 | 累積度数 | 累　積 相対度数 |
|---|---|---|---|---|---|
| 0 以上 10 未満 | 5 | 12 | 0.032 | 12 | 0.032 |
| 10 以上 20 未満 | 15 | 10 | 0.027 | 22 | 0.059 |
| 20 以上 30 未満 | 25 | 19 | 0.051 | 41 | 0.110 |
| 30 以上 40 未満 | 35 | 42 | 0.113 | 83 | 0.223 |
| 40 以上 50 未満 | 45 | 72 | 0.193 | 155 | 0.416 |
| 50 以上 60 未満 | 55 | 82 | 0.220 | 237 | 0.636 |
| 60 以上 70 未満 | 65 | 54 | 0.145 | 291 | 0.781 |
| 70 以上 80 未満 | 75 | 38 | 0.102 | 329 | 0.883 |
| 80 以上 90 未満 | 85 | 25 | 0.067 | 354 | 0.950 |
| 90 以上 100 以下 | 95 | 19 | 0.051 | 373 | 1.001 |
| 合　計 | | 373 | 1.001 | | |

(東京大学教養学部統計学教室編『統計学入門』東京大学出版会，1991 より)

れを柱状グラフ(「ヒストグラム」という)に作成することである．ここで「度数」とは，1度，2度，3度，…と「回数」を数えた多さの集計値であり，度数分布表(後述)はその表の表示をいう．縦型がふつうだが，横型も少なくない．なお，単に棒グラフ(Excelなど)にしただけではヒストグラムとはいわない．ヒストグラムの横軸は，分類項目であったり，「…以上…未満」* のように連続的量の階級区分であったりするが，前者の場合は柱を離し，後者の場合は端数を含めるために柱を離さないのがふつうである．

*…以上…以下ではない．なぜか．

表2.3は，ある大学の統計学の試験点数の度数を表にしたもので，度数分布表としては典型的なものである．表の形式はおおむねこのようなもので，いわば世界共通である．難しすぎずまた簡単すぎず，ほどよく必要な統計的情報が網羅されている．古い(古くさい)といわれながらも「基本的」と言われて残っているだけのことはある，この表から，ただちに次のことが読み取れる．

(a)50点未満(不可)の割合は0.416(41.6%)で，かなり厳しい試験である．

(b)80点以上は1-0.883=0.117(11.7%)で，これが厳しいかどうかは他科目との比較，科目内容との関係で決められよう．

(c)50点以上60点未満のところに最頻値(モード)が存在しこの範囲(階級)の人数が最も多い．それから遠ざかるにつれ度数はほぼ同様のペースで少なくなる．ここを中心に左右対称である．

(d)相対度数を見ると，下から50%目の中央値もこの点付近である．これよ

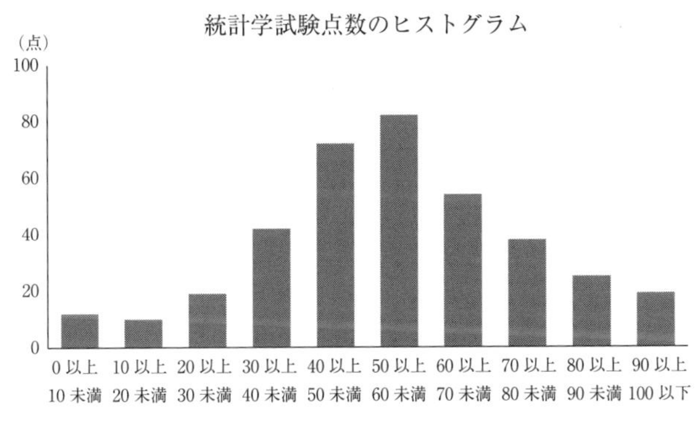


図 2.6　表2.3のヒストグラム

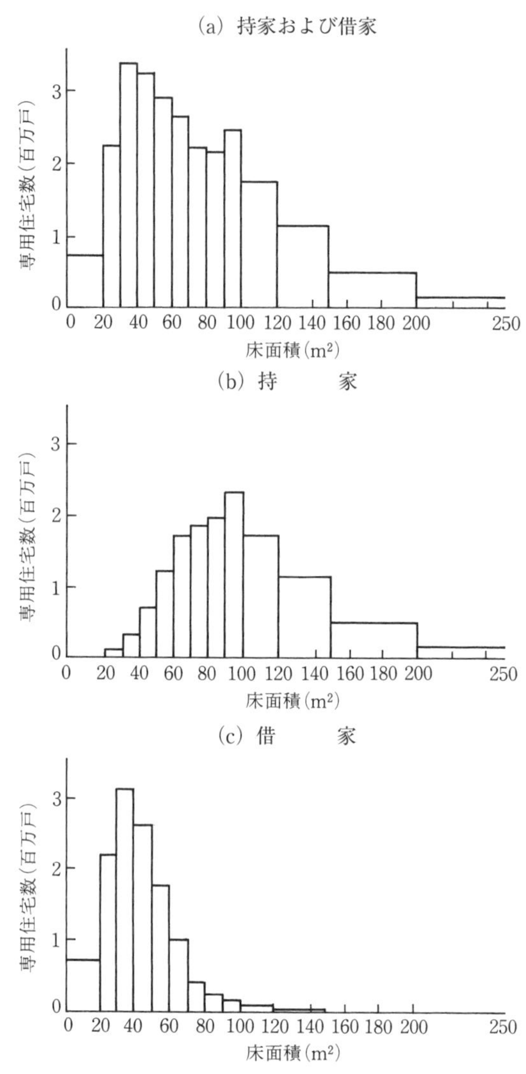


図 2.7 住宅の広さのヒストグラム(東京大学教養学部統計学教室編『人文・社会科学の統計学』東京大学出版会, 1994 より)

り「できる人」も「できない人」もほぼ同人数である.

(e)平均点はただちにはわからない，各階級の中心の値(階級値)を仮に採用してゆけば容易に計算される．すなわち

$$\frac{5\times12+15\times10\times\cdots+95\times19}{375}=5\times0.032+15\times0.027+\cdots+95\times0.051=54.14$$

ただし，度数分布表はもとの373人のデータそのものではない(なぜなら階級分類のところで10点以下のが入る)から，54.14点はデータの平均点とはわずかに異なる.

(f)点の散らばりの程度として，分散・標準偏差も計算できるが，この段階では扱わない.

(g)正規分布に近くヒストグラムとしてはよくあるタイプであるが，試験点数の分布として典型的，理想的ということとは全く別である.

度数分布，ヒストグラムはエクセルで作成することができるが多少の手続きがいる．例えば，階級数(図2.6では10)をいくつにするか，階級編をどうするか，PCによる作図は容易だから(できない人も多い)何通りか試すことを勧める．Excelでは指定の必要がある.

**新たな発見も** 図2.7はまた別のヒストグラムの例で，住宅の広さ($m^2$)のヒストグラム(1988年)である．度数分布表では見逃されていた思わぬことを視覚的に知ることもある．90-100$m^2$の階級に変わった突出部がある．よく調べると，住宅の広さは持家(b)と借家(c)で分布がまったく異なることがわかる．これ自体が発見であるが，この二つの部分集団が合併されて(a)となり，(b)の最頻値が(a)に突出部として現れたのである．ヒストグラムの検討は発見に通じることがある.

## 2.6 箱ひげ図

度数分布表やヒストグラムが作り込んだ「クラシック・カー」とすれば，これから紹介する「箱ひげ図」(図2.8)「幹葉表示」はニュータイプの技術の「コンパクト・カー」と思えばよい．いずれも，ヒストグラムを進化させた方

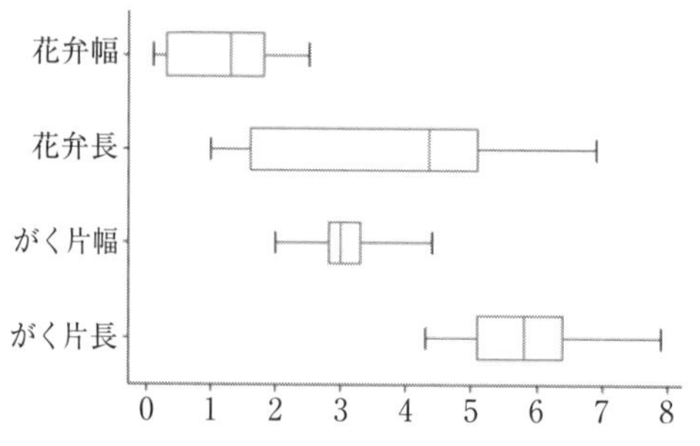


図 2.8　アイリス(virginica)の 4 部位の箱ひげ図：箱ひげ図は横表示が多い．

法である．ヒストグラムはふつう多くの人が気にする平均を直接は示さない．平均は全体についての量で結局は各自についてはあまり関係ない．むしろ，成績データの例でいうと，各点数がどの位置にあるかを知りたい．例えば，よくあるが，総数を 4 分した三通りの「四分位点」がよく用いられる．つまり

25%(下四分位点)，50%(中央値)，75%(上四分位点)

が何点であるかのほうが，試験の難易度をより詳しく示すといえる．

統計的にいえば，四分位点でなくまれに「三分位点」(33.3，66.7%)もあり，「十分位点」(10，20，…，80，90%)でもよい．国際データでは，貧困の目安として 10%点の所得を言うこともある．試験成績でも自分は何%目かの「百分位点」(パーセンタイル)を気にするのが席次(○○番)よりも合理的である．大むね席次÷総数×100 で上からの百分位点が出る．

**5 数要約**　1972 年，アメリカの統計学者テューキー(J.W. Tukey)は，統計学を万人に親しみやすくするため，思い切って，計算の必要な平均値をカットし四分位点のほか，2 ないしは 4 を付け加えて(よって，5 ないしは 7 点)

*…最小値－ 下四分位点1Q－中央値Med－上四分位点3Q －最大値…*

でデータを要約することを提案した．*は例外的に大きい値で「局外値」(アウトライアー)とよばれ，示されないことも多い．これらを「5 数要約」と言い，統計ソフトはこれを出力する．さらに図示し，「箱」(box)の両端に「頬ひげ」(whisker)があると見て，「箱ひげ図」と言っている．R, Python で作成できるが，近年は Excel でもできるようになっている．

*Q は四分位(Quartile)の略で，2Q とは中央値(Median)で，箱の中に線が入る.

## 2.7　幹葉表示：小，中学生でもできる

これもヒストグラムの簡略形で，ホームにある電車の時刻表とそっくりである．19 時 34 分は，まず 2 部分に分け，時を縦の「幹」として 19 時の高さに，分の横の刻みを「葉」とみて 34 分に大きさ順に示されている(図 2.9 右)．この表し方に習って，データを上位桁で幹に分類し下位桁を葉に分類して並べる．このメリットは手作業ででき，自然にヒストグラムになるところにある．

この表示も R でできる．ただし，数字の大きさが隣接していないとうまく作成できない．とはいえ，データを手で触りながら分析し(ハンズ・オン)，データ感覚を身につける哲学になっていて，小，中学生のために数式やコンピュータに支配されきらないやわらかい統計感覚を養うに適しているといえよう．

## 2.8　相関グラフ

統計学はまず計算であるという難しさの印象をどうしても否定できない．なんとか，データを残したままその分析や意味の解釈が現場感覚で視覚的にでき

| 幹 | 葉 | 度数 |
|---|---|---|
| 90 | 00136778999 | 11 |
| 80 | 013477777899 | 12 |
| 70 | 22678899 | 8 |
| 60 | 00349 | 5 |
| 50 | 5899 | 4 |
| 40 | 6999 | 4 |
| 30 | 599 | 3 |
| 20 | 79 | 2 |
| 10 | 9 | 1 |
| 0 | | 0 |

| 時 | 平日 |
|---|---|
| 4 | 51 |
| 5 | 10 22 34 45 55 |
| 6 | 07 20 29 37 46 52 59 |
| 7 | 05 11 14 19 22 27 32 35 39 41 44 46 49 51 54 56 59 |
| 8 | 01 04 06 09 11 13 16 18 21 23 25 28 30 33 35 37 40 42 45 47 50 52 55 58 |
| 9 | 01 04 07 11 14 18 21 25 29 33 37 41 45 49 53 57 |
| 10 | 01 05 10 15 21 26 31 36 41 46 52 57 |
| 11 | 02 08 13 19 24 30 35 41 46 52 57 |
| 12 | 03 08 14 19 25 30 36 41 47 52 58 |
| 13 | 03 09 14 20 25 31 36 42 47 53 58 |
| 14 | 04 10 15 20 26 31 37 42 48 53 59 |
| 15 | 04 10 16 21 27 32 37 43 48 54 59 |
| 16 | 05 10 15 20 25 29 33 37 41 45 49 54 59 |
| 17 | 05 09 13 18 22 26 29 33 38 43 48 52 56 |
| 18 | 01 05 08 13 17 21 25 28 32 36 40 43 48 52 57 |
| 19 | 01 05 09 13 18 22 27 31 35 39 43 47 51 56 |
| 20 | 00 04 09 13 17 21 25 29 34 39 45 49 54 58 |
| 21 | 02 06 10 14 19 23 27 31 36 40 45 50 55 |
| 22 | 01 07 14 22 29 36 42 48 54 |
| 23 | 01 09 17 23 30 36 41 49 |
| 0 | 00 09 18 24 32 40 50 |

図 2.9　幹葉表示(左)と時刻表

ないか，これは統計学の理想に近いが，データの種類が多くなって統計学の用語でいう「多変量」になると作業的にもやっかいになる．

ワインのデータ：アルコール，リンゴ酸，ポリフェノール，プロリン，pH

診断データ：体温，血圧，心拍数，呼吸数

はそれぞれの中で互いに関係しあっている．この相関をまず全体として知りたい，探し出したい．あらゆる相関関数を計算すればよいが，わずらわしく結果も相関係数だけでは意味がとりにくい．視覚も尊重したい．

そこで，相関図を作るのだがその組み合わせの数が多い．5変数だと10回操作を繰り返さなくてはならない．そのあらゆる組み合わせを画面上に出す強力な最終兵器が「相関グラフ」である．各相関図は小さくなるが必要になれば

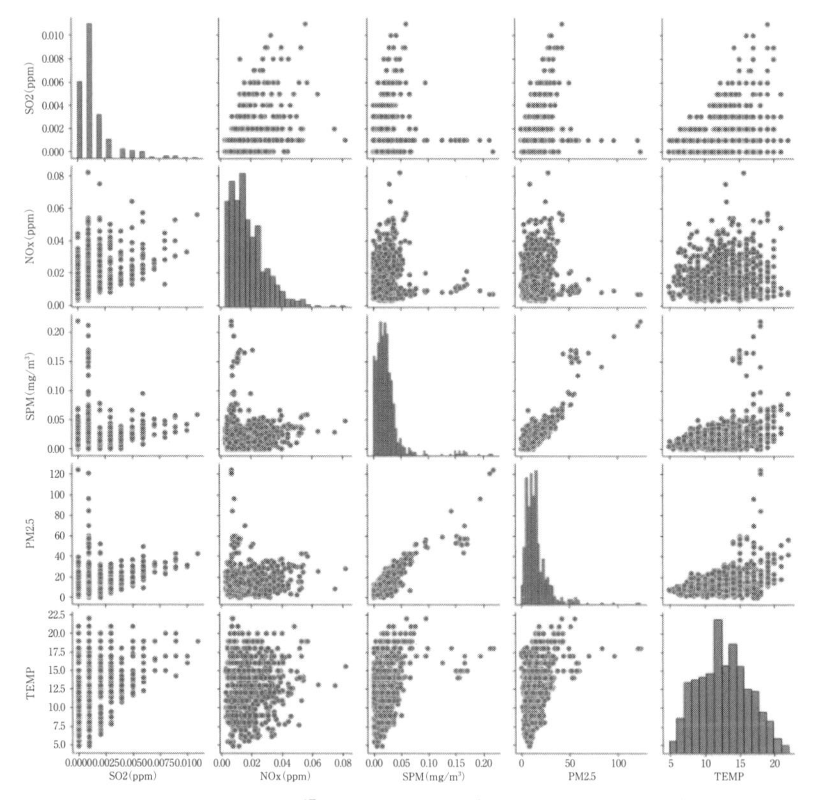


図 2.10　相関グラフ(「そらまめ君」より)．10個の相関図から成る

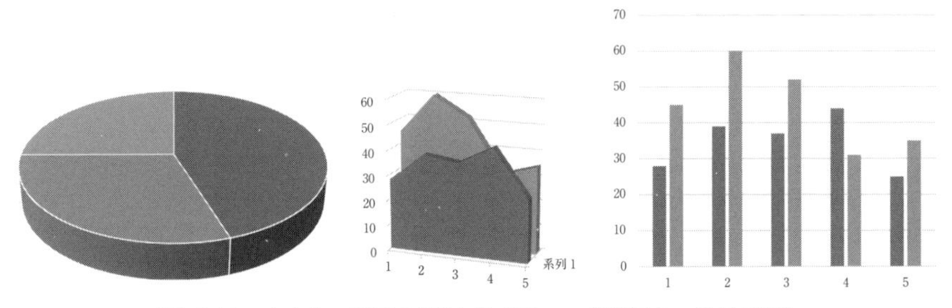


図 2.11　良くない図示の例(立体グラフ，相関図の一次元表示)

拡大すればよい，相関グラフが視覚的に解釈するだけでも，見通しはよくなる．図 2.10 は環境省の大気汚染監視システム「そらまめ君」のデータからの「相関グラフ」である．変数は，上(あるいは左)から $SO_2$(ppm)，NOx (ppm)，SPM(mg/m$^3$)，PM2.5(同)，気温である．左上⇔右下の対角線上はヒストグラムが入っている．SPM と PM2.5，また気温と PM2.5，SPM にそれぞれ相関がある．なお，SPM は「浮遊微粒子物質」である．

## 2.9　立体表示，複合した表示

Excel には 3D 表示の機能が備えられているが，むしろ画像の美的効果を狙って工夫されていて，統計的には不正確あるいは誤った印象を与える．統計グラフとは考えられていない．また本来 2 次元の相関図を 1 次元で並べて表示するなど，複合した図示も誤解を招き，慎重に考えるべきである(図 2.11)．

# 3章

# データ計算の基礎

## 3.1　四則，平方，平方根，対数

統計学はデータの意味する所を知る学問であり，そのため，表，図，計算，プレゼン技法などが用いられる．このうち，計算は手段であって目的ではなく，量が多いのでコンピュータに任せるのであって，コンピュータが結論を出すわけではない．実際，統計計算は思い切って言えば，小中から高校初級までのレベルでおおむね間に合う．そこをまとめてみよう．

**四則**　小学校の「算数」で学ぶ．

足し算を「加法」ともいい，その結果を「和」という．

引き算を「減法」ともいい，その結果を「差」という．

なお，小さい数から大きい数を引くこともでき，$2-5=-3$ などである．

掛け算を「乗法」ともいい，その結果を「積」という．

割り算を「除法」ともいい，その結果を「商」という．

なお，$10\div4=2.5$ とするやり方と，$10\div4=2$(余り 2)とするやり方(代数)があるが，統計学では余りをださず，商は小数とする．さらに，記号は算数，数学，コンピュータではかなり異なる．ことに，Excel は特殊な記法を用いる．なお，乗法の・は省略される．

| | 加法 | 減法 | 乗法 | 除法 |
|---|---|---|---|---|
| 算数 | + | − | × | ÷ |
| 数学 | + | − | · | ／または－ |
| Excel | + | − | * | ／ |

**例**：a・b は ab

**乗法，二乗または平方**　面積は長さ×長さで，正方形は同じ長さを掛ける．3×3 のように自分自身との掛算，2回同じ数字を掛けることを「自乗」「二乗」または「平方」という．$x$ の二乗を $x^2$ と書く．符号としては，正×正＝正，負×負＝正だから，必ず正の数となる．

0，1，2，3，4，…の二乗は $0^2$，$1^2$，$2^2$，$3^2$，$4^2$，…で 0，1，4，9，16，…となる．二乗は統計ではひんぱんに用いられる．例えば分散である．

*Excel では $3^2$ は 3^2 と表すので，数学記号とはかなり異なる．

**平方根（ルート）**　平方すればその数になる元の数をその数字の「平方根」という．記号は√である（r を変形した記号）．「根」（こん）とは元のものというほどの意味である．平方の元の数を探すと

1，4，9，16，25，…の平方根は，1，2，3，4，5，…

は明らかであるが，これはむしろ特別で，他方，平方したピタリ 2 になる数字を見つけるのはむずかしい．$\sqrt{2}$ はいくつか．何回も試すと，

$$(1.4142)^2 = 1.99996164$$

なので，$\sqrt{2}$ はだいたい 1.4142 くらいとしても差支えないだろう．これらはすべて Excel が一発で探してくれる．これらは近い数字でピタリではなく，さらにピタリの数字はどこまで行ってもない．だいたいでがまんする．

*Excel には√はなく関数 SQRT（　）がある．財務計算電卓には√キーのないものがある．

**対数（ロガリズム，ログ；log）**　企業の資本金のように桁も大きく，10倍ごとに等間隔で

1，10，100，1000，10000，1000000，…（円）

のものさしの上で広がる数も，0 の個数に注目して

0，1，2，3，4，5，6，…

のように思って読み直し表示するのは元の数にすれば（図 3.1），どんな大きい数，小さい数も同時に扱いやすくなり，グラフも小から大まで A4 一枚に収まる（図 3.1）．そこで，これらのことをいいかえて，

100 の対数は 2，1000 の対数は 3，…

などということにする．「対数」は‘たいすう’と読む．数学記号は log で，

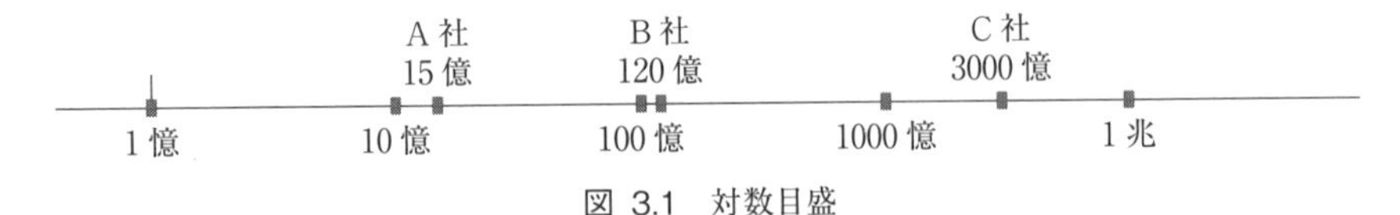


図 3.1　対数目盛

$$\log 100 = 2,\ \log 1000 = 3,\ \cdots$$

と表わす．10 を基準としているので，10 を「底」(てい)という．基礎，基準ほどの意味であるが，10 を底とする対数を「常用対数」という．これなら 100 兆でも 1000 兆でも 12，13 と表せてグラフにもふつうに書き込める．

ただし，これはキリのいい数字ばかりで，2，20，500，…などはどうなるのか．それも数学から計算出来て(Excel の関数で LOG(　)と打つ)

$$\log 2 = 0.3010,\ \log 20 = 1.3010 \ \text{(10 倍なので 1 増える)}$$

$$\log 5 = 0.6690,\ \log 500 = 2.6990$$

などとなる．このように大きな経済数字のデータも OK である(図 3.1)．

見通しのよい人なら，10 倍→1 増えるなら，1/10 倍→1 減るとわかって

$$1/10(0,\ 1),\ 1/100(0,\ 001),\ 1/1000(0,\ 001),\ \cdots$$

なら，

$$\log 0.1 = -1,\ \log 0.01 = -2,\ \log 0.001 = -3$$

とお見通しだろう．ウィルスの大きさはメートルの 1/1000 のまた 1/1000 のさらに 1/10 なので，

$$\log 0.0000001 = -7 \quad \text{(ウィルスの大きさのレベル)}$$

となるのである．なお，0 の個数でいうのだから log 1=0 と約束する．

## 3.2　割合，百分比(百分率)：日常の算数の約束

「割合」は全体の中で部分がどれ位の大きさであるかを割算で

部分÷全体　あるいは，部分/全体(割算あるいは分数)

で示す．この割算は電卓で行う．わずらわしい場合やくり返しの場合は Excel を用いる．割り切れない場合は約でもよい．割算を / で示すと

50の中で20の割合は　20/50＝0.4

310の中で35の割合は　35/310＝0.113(約)

このように1より小さい少数になる．全体＝1と考えているので，部分は1より小さくなるのである．

人口でいうと，日本の人口の世界の人口に対する割合は

1.25億 / 78億＝0.016(1.25億は1億2500万)

とかなり小さい．つまり，1億2500万人は大きい人口だが，世界と比較すれば小さい．比較相手では

割合が同じというのがある．例えば割り算すると

20 / 50＝0.4，240 / 600＝0.4

だから割合は同じである．これを数の組で

20：50＝240：600

のように表し，比較のための「比」(ひ)という．ここで，特に全体＝100とすると

20：50＝40：100

で100に対する40の割合になる．そこで，

全体を100にした割合(比)を「百分比」「百分率」といい％(パーセント)と呼ぶ．全体を1000にしてもよく「千分比」「千分率」ということもある．日本では，全体を10にしてもよく，これを「歩合」(ぶあい)といい日本ではよく用いられる．％というかわりに「割」と呼ぶ．つまり

20:50＝4:10なので，4割である．

なお，「パーセント」は英語でpercentである．perは…につき，…に対し，centは100の意味である．％であらわしたければ100×割合でよい．例えば，100×0.4＝40(％)となり，％をつけておく．人口統計では扱う数が大きいので，1000に対する「千分比」「千分比」があり，全人口の生命表では十万を基準にしている．なお，「割合」と「率」ははっきりと区別できないのであまり深く考えない．ただし「…の割合は…」とはいうが，「…の率は…」とは，日常ではあまりいわない．

ふつうは部分の方が全体より小さいが，それは忘れて部分が全体を超えてしまうような場合でも使われる．例えば，電車の乗車定員一両120人としても，

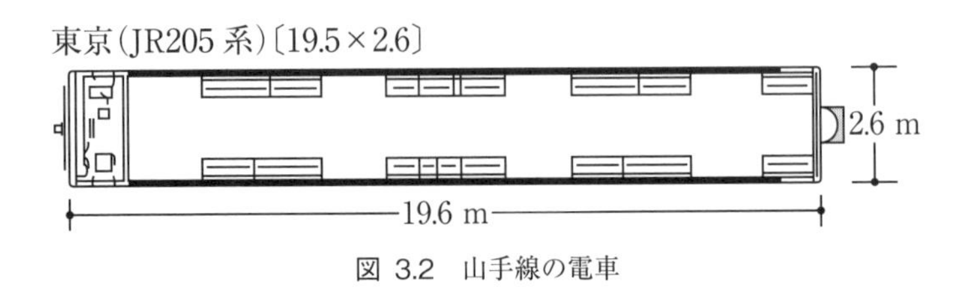


図 3.2　山手線の電車

ラッシュで詰め込まれて120人以上のれる(図3.2)．例えば290人とすると

$$290 \ / \ 120 = 2.41,\ \ \%なら\ 100 \times 2.41 = 241(\%)$$

の混雑率となる．東京，大阪の大都市では300%以上も珍しくない．

*小学校では食塩水の濃度で%を教えているが，化学(溶液)の要素が難しさを増している．%の計算の正しい学びとしては適切ではない．「割合や%のわからない子ども」というが，題材に問題がある．

## 3.3　指　数 (Index)

「指数」は割合の計算を変化割合の計算にもちいるが，「部分」と「全体」の意味はなく，物価指数のように変化割合に注目する．ただし，同じく100に対してであるので，%を用いる．例えば去年300円の果物が去年は310円になったとする．割合は

$$310 \ / \ 300 = 1.033$$

これでもよいのだが，100に対してだから，300の所を変えた比にすると

$$310 : 300 = \underline{103.3} : 100 \qquad (100 \times 1.033\ で計算)$$

つまり300が310に増加した割合は100が103.3に増加した割合であり，少し価格が上がったことがわかる．ここで去年を100として今年が103.3，つまり去年が元になっていて，いつを100と考えたかを指定する必要がある．一昨年を元にしてそれを100にするなら，また異なった指数が得られる．指数は，割合計算の分母は元になる時点のデータとして

$$指数 = 割合 \times 100$$

で計算され，電卓で十分だが，データが大きければエクセルが用いられる．

例として東京山手線の乗降客数の変化で，元になるのは2000年である．2000年を100にしているから100を下回れば対2000年においては減少していることを表し，渋谷がその例である．指数はこのように，経営や経済の分野で多く用いられ，物価に対して「物価指数」として知られる．

「指数」の「指」とは何かを指し示すことを意味するが，このこと自体ハッキリしないので，あまり考えない．なお，後で「指数関数」が出てくるが，この「指数」とは全く関係ない．

## 3.4　比例関係（プロポーション，proportion）

次の2列の変化のぐあいを見てみよう．

$$y: 3, 6, 9, 12, 15, 18, 21, 24, 27, 30$$

$$x: 1, 2, 3, \ 4, \ 5, \ 6, \ 7, \ 8, \ 9, 10$$

上の列と下の列の比は

$$3:1,\ 6:2,\ 9:3,\ 12:4,\ \cdots$$

で，割り算に戻すと $3 \div 1 = 3$ にすべて等しくなっている．下の列$(x)$に対し，上の列$(y)$は揃って3倍の比になって変化している．2つの列で

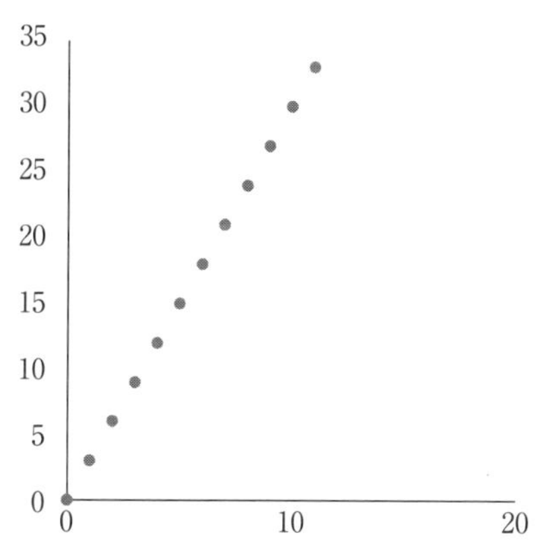


図 3.3　比例の関数 $y=3x$　　原点0を通る直線となる．

$y$ は $x$ に対して○倍の関係

で変化する(増えあるいは減る)関係を「$y$ は $x$ に比例する」という(図 3.3).'両方とも増える，両方とも減る' という関係だけでは比例とはいえない．列が常に等しい比の関係をたもっている．これを「比例」という．むしろ「つり合い」「バランス」といった方がよい．今の場合，比例関係は $y=3x$ となっている．

人間の体型である部分($x$ と $y$)の関係がうまい具合に比例関係になっている(全体の大きさ身長に関わりなく)とき，その比が美しければ *good proportion* という．女性のワンピースでも，バストの切り替えの上下はおおむね 1：3 よりやや小さいプロポーションに見える．時代によってこの比は異なり，オードリー・ヘップバーンの時代はこの比が開いた方がかわいいとされた．

日常生活でも，湯沸かしでは温度上昇は加熱時間に比例する，加熱時間が増えることに従い，その何倍かで温度が上昇する．例えば 1 分あたり 20°上昇という速さである．さらに，1 分あたり 35 m 歩くなら，歩く時間の 35 倍で距離も増える．つまり「距離は時間に比例する」．これらでもわかるように，比例関係は自然科学でよくお目にかかるキッチリした関係で，実験データではしばしばこれを仮定して分析する．

## 3.5　単利と複利：指数関数

私たちが日常生活でときおり関心を持つ関係の例として，預金の増え方(変化)がある．実はこの変化ルールはに広く私たちの回りにあり，データ分析をする上で大そう役に立つ．そこで預金の殖え方のルールで説明しよう．

100 万円を元本とし，金利(利率)を年 2%年としよう．さて単利計算と複利計算がある．

**単利計算**　元本は常に一定の 100 万円で，毎年 2 万円ずつ利息が期間(年)2，4，6，8，…万円と付くので，元本＋利息(元利合計)は

100，102，104，106，108，…(万円)

となる，100 から直線的に(「線形」linear に，という)2 ずつ増える．ふつうの

同じ傾きの階段を登るようである．ここまでは単純である．

**複利計算**　得られた利息が元本に組み入れられ，新しい元本に利息が付く，

$100 \times 1.02 = 102$

$(100 \times 1.02) \times 1.02$　つまり　$100 \times (1.02)^2$

$((100 \times 1.02) \times 1.02) \times 1.02$　つまり　$100 \times (1.02)^3$

のように1.02が何個もかけられて(二乗，三乗，…と何乗もされて)増えてゆく．電卓で次々と1.02をかけて

100，102，104.04，106.12，108.24…

と，比較してみると，単利計算より多い．つまり利息が元本に次々と繰り込まれ，利息が利息を産むのである．元本が大きければこの違いは無視できない．ことに借金(金銭債務)なら，複利計算は大きな脅威となる．

以上を式で表すと元本をI，元利合計を$S$，利息をi，期間を$n$として

$$\text{単利計算：} S = I \times (1 + n \times i)$$

$$\text{複利計算：} S = I \times (1 + i)^n$$

となる．

**指数関数**　複利計算は次々と掛け算が入る増え方をしている．それに注目し

5割ずつ増える：1，1.5，2.25，3.375，…

2倍ずつ増える：1，2，4，8，16，…

と計算してみると，実際これは「ネズミ算式」とわかる．つまり複利計算で利息がまた利息を産むことは，子が親になり子を産んで増え，それらの子がまた，…という倍々ゲームの計算とわかる．数学ではこの何倍，何倍とある数(2倍に限らず)を次々と何回も掛け算した関数を「指数関数的に」という．例えば，先の例で1から始まり

$$(1.5)^x,\ x = 1, 2, 3, \cdots; \qquad 2^x,\ x = 1, 2, 3, \cdots$$

などがそれであるが，上のようにアッという間に途方もなく大きくなる．

ただし，逆もあり

$$(0.5)^x,\ x = 1, 2, 3, 4, 5, \cdots$$

は，1から始まり

1，0.5，0.25，0.125，0.0625，0.03125，…　(1を基準)

のように，だんだんと限りなく減るが，決して0にはならないフシギな減り方

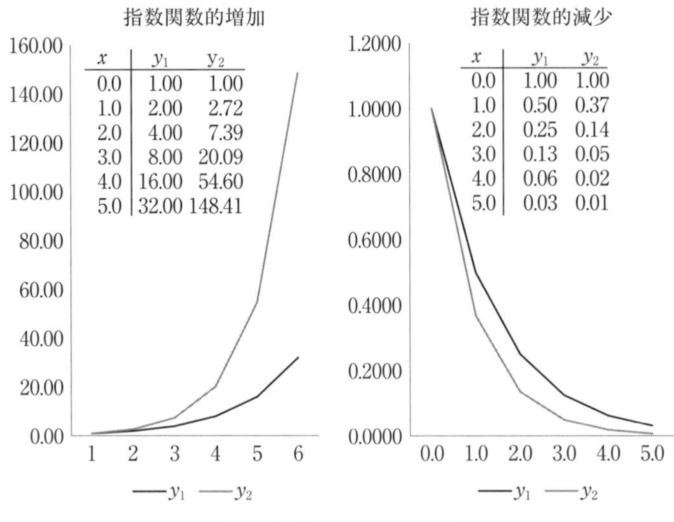


図 3.4　指数関数的変化

をする．0.5 を掛け続けるから「指数関数的減少」と呼ばれる(図 3.4 右)．

指数関数的増加のわかりやすい例はバクテリアの数やパンデミックの感染者のデータで，この傾向が続く限り青空めがけて天井知らずに登るロケットのように増えてゆく．英語で sky-rocketing といっている．指数関数的減少の例は放射能の減り方である．

*数学で「指数関数」は厳密に定められており，$(2.71828\cdots)^x$ となっている．$x$ は整数でなくてもよい．この特別な数についてはここでは説明しないが，ファイナンス統計学で「連続利子率」として広くつかわれている．

## 3.6　線形計算：シンプルさがメリット

比例の式にある定数(一定の数)を加えた方式

$$y=3\times x+2 \qquad (\text{数学では } y=3x+2)$$

を計算してみると

| $x$ | 0 | 1 | 2 | 3 | 4 | 5 | … |
|---|---|---|---|---|---|---|---|
| $3x$ | 0 | 3 | 6 | 9 | 12 | 15 | … |
| $y$ | 2 | 5 | 8 | 11 | 14 | 17 | … |

となっていて，2段目までは比例の関係である．2を加えたので比例ではないが，比例の発展である．これらの $x$ と $y$ を横軸と縦軸に点で打ってみると，一定の高さ間隔で階段を‘直線的に’上るような線になることがわかる．これを「線形の式」，英語では「リニヤー」，つまりまっすぐな「線」の様子をいう．

統計データでも

$$y(\text{血圧}) = 1.65x(\text{年齢}) + 65.1$$

のような関係式が知られているが，これも線形の式である．1歳当り1.65ずつ直線的に血圧が上る．統計学ではこの線形式が広く成り立つとされ，ここでのように1.65や65.1の数を求める分析が行われる．

教育データの分析でも，国語の試験成績を $x$，数学のそれを $y$ とすると，これらを例えば $2x+3y$ で計算した学力を $z$ とおく式

$$z = 2x + 3y \quad (2\times\text{国語} + 3\times\text{数学})$$

も発展した線形の式で，これで入試の合否判定を行う(説明のための式である)．入学定員との関係で $2x+3y+20$ などとするかもしれない(これを「下駄をはかせる」という)．

機械学習でも人工ニューラル・ネット(SVM)の各層の間は線形の式で結ばれている．サポート・ベクター・マシンも区画を作って分類を行うが，区画の境目はさしあたり線形関数で作られている．図3.5では，花弁の長さと花弁の幅の組み合わせ関係(形の関係)で，種を分類することを目的としている．おおむねうまく分類されているのでこれでよい(なお，右側がSVMによる分類で

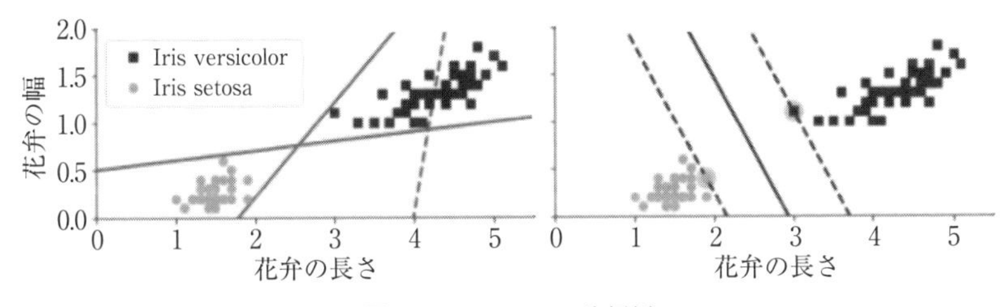


図3.5　SVMでの分類例

ある).

以上の理由は，一口で言って，理論的にシンプルであり，わざわざ曲げたりする必要はさし当りはないからである．全く別世界の例だが，アメリカ・カナダの国境はほとんど「さし当たりは線形」で，わざわざ曲げるほどの理由がないからそのままなのと同じであろう．

**生活の中の線形計算**　買い物リストで量×単価を加えそれにポリ袋代を足せば立派な線形計算になるが，次の自動車運転免許の認知機能検査(75歳以上免許更新用，無違反の場合は非該当)世話になる人は現実にも多いであろう．

A　日時を答える検査(かっこ内配点)

1．年(5)　2．月(4)　3．日(3)　4．曜日(2)　5．時・分(1)

B　4個1組　計4組16個のイラストを記憶し，一定時間後答える検査(各組とも記憶のため1分間呈示，回答時間3分30秒)回答は自由回答および手がかり回答(例：「果物」「動物」)の2型式で

両方(2)，自由回答(2)，手がかり回答(1)

C．自ら時計を描き，現在時刻を時計上に示す検査

円の中に1～12の数字(のみ)記入(1)，数字の正しい順序(1)，

数字の正しい位置(1)，2つの針(1)，「時」が正しく示されている(1)，

「分」が正しく示されている(1)，長針と短針の正しい割合(1)

これをベースにして

＜総合点＞　$X = 1.15 \times A + 1.94 \times B^{*}2.97 \times C$

＜判　定＞　$X < 49 \Rightarrow$　「記憶力・判断力が低くなっている」*

$49 \leqq X < 76 \Rightarrow$「記憶力・判断力が少し低くなっている」*

$76 \leqq X \Rightarrow$　「記憶力・判断力に心配はない」

# 4章

## 統計で日本を読む

統計を直接読むだけでも，日本について重要な事実を発見できる．これは一つの教養である．東京一極集中，所得格差，少子高齢化を見てみよう．

### 4.1　ローレンツ曲線とジニ係数：貧富の格差を測る

「分布」とは統計用語で量が広がって存在する様子をいう．経済統計の分野では経済的な量，例えば所得，貯書，生産量，年金，家屋の広さ，人口などの分布は，格差(貧富の差)，不平等度などへの関心から特別の数として表されることが多い．所得格差の「ジニ係数」はその例で，総理大臣がジニ係数はいくつかと国会で質問され答えられず，時節柄話題になったくらいである．

人口全体を所得で超貧乏から超リッチまで順序付けし，下から数えて25, 50, 75%目において，総所得がそれぞれ2, 15, 35%しかなければ，所得の分布にはかなりの所得格差つまり貧富の差があるといえよう．

表4.1は世帯を単位に，世帯収入データを少ない方から多い方へ人口で10等分に区切り，階級I, II…Xとしている．I～Xの順が収入の順になる．その階級の平均収入を表したものである．「十分位点」とは各階級の10%区切り点をいう．図4.1を見ると，例えば最貧からの人口の50%目までのI～Vでも，

表 4.1　平成17年度 年間収入十分位階級別1世帯あたり年間収入(万円)(*hp*)

| 十分位点 | I | II | III | IV | V | VI | VII | VIII | IX | X |
|---|---|---|---|---|---|---|---|---|---|---|
| 平均収入 | 136 | 235 | 304 | 368 | 436 | 513 | 603 | 720 | 886 | 1335 |
| 同累積 | 136 | 341 | 675 | 1043 | 1479 | 1992 | 2595 | 3315 | 4201 | 5536 |
| 同割合 | 0.025 | 0.067 | 0.122 | 0.188 | 0.267 | 0.360 | 0.469 | 0.599 | 0.759 | 1.000 |

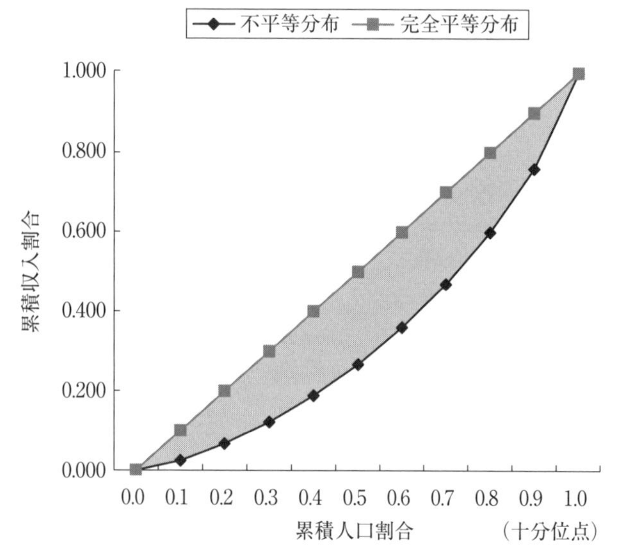


図 4.1　ローレンツ曲線とジニ係数　あみ掛け部分の大きさが不平等度.

収入の 26.7%しか積みあがって(累積して)いない. これら(0.5, 0.267)の組合せを座標と見てつなぐと「ローレンツ曲線」ができる.

その差 23.3%は不平等の程度(図で◆線)と考えてよい. ちょうど, 不平等度の分だけ, ローレンツ曲線が 45 度線から垂れ下がっていることがわかる. この 45 度線は不平等が 0 であることも理解できよう. ローレンツ曲線が全体で垂れ下がった弓形部の面積割合が大きく(小さく)なるほど不平等度が大(小)になる. ローレンツ曲線が 45 度線に一致すれば, 完全平等で弓形部面積 = 0, 王サマ一人だけが富を独占, 民はすべて無所得 0 なら, ギリギリ下まで横軸にピタリ一致するまで広がり, その面積は最大 1/2 である. よって最大を元にして, 不平等の統計的指標

$$\text{ジニ係数(G.I.)} = \frac{\text{弓形部の面積(S)}}{\text{三角形の面積}} \times 100$$

と名づけよう. 0 なら完全平等, 100 なら完全不平等である. 本例では影線部

の面積はS＝0.1645で，1/2で割って(2を乗じて)G.I. ＝0.3289(33%)となる．

この数字はそれほど大きな格差を意味するものではないが，先進国全体から見れば小さいとは言えない．問題の中国は0.4を越え公式には0.465(46.5%)となっている．ただし，これは公式数字で実は0.6(60%)を上回るという研究もある．

## 4.2　順位の研究：人口規模順位規則

いろいろな現象を数量的に観察して得たデータからまず大まかな傾向を知ろうとするとき，大きさの順序を最初の手掛かりにすることが多い．データ数に対する大きさの順序を「順位」(ランク)という，統計学では最小値から1，2，3，…と順位をふり，$n$個のデータなら最大値の順位を$n$とする．

同順位(タイ)は飛ばして平均し，後続する順位は12，13，14.5，14.5，16.5のようにタイの占める順位をとばした位置から始めるのが，統計的に正しい方式である．これを「タイ修正」という．順位は興味本位にふられることが多いが，統計学では基準が定められているのである．

日本人はランキングが好きな国民とされている．さしたる理由もないのに，大きさ(小ささ)の順に統計数値を挙げる．都道府県別統計も公式には北海道からなのに，メディアは読者サービスから，ランキングした順序で挙げる．それはサービスではなく，サービスならもっと本来的な文明国にふさわしいことがらがあるはずである．しかも，あたかも番付表示されたベスト(1位)の周辺あるいはワースト($n$個なら第$n$位)しか関心がなく，順位そのものに対する深い関心やそれを基にした分析を欠いている．そのうえ，メディアも順位の特集を組んでおり，無意味な序列意識を助長するなどの弊害さえ生んでいる．日本社会のある種の病理と言えようか．

**ランク・サイズ・ルール**　科学的な順位の研究は従来からある．都市人口規模(サイズ)との関連で，今後の大きな課題に関係ある．日本の国内の人口規模で第2位の都市はどこだろうか．大阪市と答える人が多いのではないだろうか．正解は横浜市で，昭和40年代はともに300万人程度であったが，大阪市

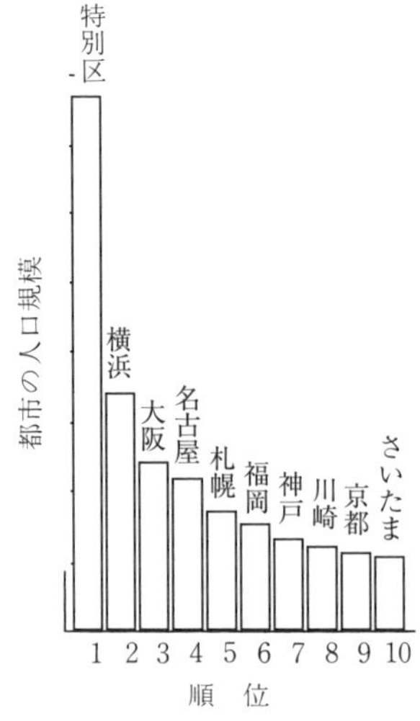


| 市　名 | 人口規模 | （ランク） |
|---|---|---|
| 特 別 区 | 9,486,618 | （1） |
| 横　　浜 | 3,745,796 | （2） |
| 大　　阪 | 2,714,484 | （3） |
| 名 古 屋 | 2,294,362 | （4） |
| 札　　幌 | 1,955,457 | （5） |
| 福　　岡 | 1,540,923 | （6） |
| 神　　戸 | 1,538,025 | （7） |
| 川　　崎 | 1,500,460 | （8） |
| 京　　都 | 1,412,570 | （9） |
| さいたま | 1,302,256 | （10） |

図 4.2　都市の人口規模とその順位(2019 年 1 月 1 日現在)，ランク-サイズは，指数曲線や $1/x$ などきれいな形をとる(『住民基本台帳要覧』より)

は平成に入ってから減少に転じ，横浜市は現在約 380 万人に達している．ジャイアントである 1 位(東京 23 区)と 2 位が一体化，融合し，さらに東京の全都を入れるとさらに大きく 1,700 万人に巨大化しているのは大きな問題である．とりわけ，東京および神奈川，埼玉，千葉の一都三県(首都圏)を合わせて 3,600 万人は全人口の 3 割に達する．過密と言われるほか，災害のリスク，高齢化のはてで介護人口の不足など，問題はこれからむしろ深刻である．

人口規模は．順位が下がるごとにある関数に従ってなめらかに小さくなっている(図 4.1)．これは一般に「順位規模規則」(ランク・サイズ・ルール)といわれ，数学者マンデルブローなどにより発見され，都市工学者，地理学者の関心を引いてきたものである．

ふしぎなことに，このルールが企業の資本金と順位など他の量的現象にも広く成り立ち，しかもその理由やメカニズムが十分に解明されていない．また，ほかにも「アウエルバッハの法則」「ジップの法則」なども知られている．

## 4.3　合計特殊出生率：TFR

少子高齢化社会の重要指数は「合計特殊出生率」であることはよく知られているが，用語が難しく正しくは何を意味するかよくわからない(行政の部局内でも反省はあるようである)．しばしば「女性が一生の間に産む子供の人数」と説明されるが，これでは何のことかわからず統計学上の説明になっていない．英語ではTFRで，まず「出生率」(Fertility Rate)は人口集団が「増え易い」「産み易い」という意味で，ここでは関係ないが「土地の収量が多い」(肥沃な)もおなじ用語である．もちろん，産み易さの出生率は年齢別で異なり

$$年齢別出生率=出生数(3)\Big/年齢別女子人口(2)$$

である．これは30歳で最大である．各歳を加えれば(T＝Total)一生になる．

くわしくは，「一生の間」とは出産についての一生，ここでは15〜49歳であり，各年齢の出生率については表4.2の(6)の欄が与えている．これらの「合計」(Total)からTFR＝1.36085が得られる．夫婦2人から2人(実際は，若年での死亡を考えると2よりは多少大きい)生まれなければ全人口は減る算だから，TFRが長期に2を割り込むと，人口は長期的に低落する．

したがって，「一生の間」といっても，実際この35年間かけて統計をとったわけではない．一人の女性がちょうどこの年齢別パターンの率で一生をすごせば，という理論的仮定のもとであり，その意味では「作られた」統計である．もちろん，出産には男性も関与するが，それを統計的につかむのは難しい．

*「特殊」specificとは，「一般ではない」の意味で，ここでは「年齢に限った」「年齢毎の」を意味するが，日本語からは誤訳に近い．

## 4.4　エンゲル係数

「ジニ係数」を知らない人がいても不思議はない．しかし，「エンゲル係数」はそうはいかないだろう．

表 4.2　女性の年齢(各歳・5 歳階級)別人口，出生率および生残率ならびに人口再生産率：(2019 年)

| 年齢 | 女性人口 | 出生数 | | | 出生率 | | 定常人口 | 期待女児数 |
|---|---|---|---|---|---|---|---|---|
| | | 総数 | 男 | 女 | 出生率<br>(3)/(2) | 女児出生率<br>(5)/(2) | nLx | (7)×(8)<br>100,000 |
| (1) | (2) | (3) | (4) | (5) | (6) | (7) | (8) | (9) |
| 15 | 535,495 | 127 | 76 | 51 | 0.00024 | 0.00010 | 99,674 | 0.00009 |
| 16 | 542,766 | 393 | 215 | 178 | 0.00072 | 0.00033 | 99,662 | 0.00033 |
| 17 | 558,992 | 1,069 | 571 | 498 | 0.00191 | 0.00089 | 99,649 | 0.00089 |
| 18 | 566,776 | 1,959 | 1,022 | 937 | 0.00346 | 0.00165 | 99,633 | 0.00165 |
| 19 | 575,102 | 4,234 | 2,144 | 2,090 | 0.00736 | 0.00363 | 99,617 | 0.00362 |
| 20 | 574,380 | 7,008 | 3,609 | 3,399 | 0.01220 | 0.00592 | 99,598 | 0.00589 |
| 21 | 582,390 | 10,574 | 5,523 | 5,051 | 0.01816 | 0.00867 | 99,578 | 0.00864 |
| 22 | 581,821 | 13,806 | 7,109 | 6,697 | 0.02373 | 0.01151 | 99,556 | 0.01146 |
| 23 | 574,894 | 17,709 | 9,068 | 8,641 | 0.03080 | 0.01503 | 99,534 | 0.01496 |
| 24 | 583,687 | 22,995 | 11,782 | 11,213 | 0.03940 | 0.01921 | 99,513 | 0.01912 |
| 25 | 578,179 | 28,407 | 14,765 | 13,642 | 0.04913 | 0.02359 | 99,491 | 0.02347 |
| 26 | 564,430 | 35,665 | 18,250 | 17,415 | 0.06319 | 0.03085 | 99,469 | 0.03069 |
| 27 | 570,868 | 44,690 | 22,992 | 21,698 | 0.07828 | 0.03801 | 99,445 | 0.03780 |
| 28 | 568,992 | 52,565 | 26,992 | 25,573 | 0.09238 | 0.04494 | 99,421 | 0.04468 |
| 29 | 579,822 | 59,606 | 30,534 | 29,072 | 0.10280 | 0.05014 | 99,396 | 0.04984 |
| 30 | 595,378 | 64,082 | 32,881 | 31,201 | 0.10763 | 0.05241 | 99,371 | 0.05208 |
| 31 | 616,126 | 64,655 | 32,971 | 31,684 | 0.10494 | 0.05142 | 99,343 | 0.05109 |
| 32 | 635,777 | 63,872 | 32,421 | 31,451 | 0.10046 | 0.04947 | 99,313 | 0.04913 |
| 33 | 648,893 | 61,384 | 31,342 | 30,042 | 0.09460 | 0.04630 | 99,280 | 0.04596 |
| 34 | 678,645 | 58,589 | 30,004 | 28,585 | 0.08633 | 0.04212 | 99,245 | 0.04180 |
| 35 | 702,650 | 55,067 | 28,107 | 26,960 | 0.07837 | 0.03837 | 99,206 | 0.03806 |
| 36 | 711,623 | 47,463 | 24,563 | 22,900 | 0.06670 | 0.03218 | 99,165 | 0.03191 |
| 37 | 712,605 | 39,592 | 20,411 | 19,181 | 0.05556 | 0.02692 | 99,123 | 0.02668 |
| 38 | 722,531 | 32,400 | 16,614 | 15,786 | 0.04484 | 0.02185 | 99,078 | 0.02165 |
| 39 | 755,166 | 26,488 | 13,494 | 12,994 | 0.03508 | 0.01721 | 99,029 | 0.01704 |
| 40 | 775,179 | 19,906 | 10,208 | 9,698 | 0.02568 | 0.01251 | 98,976 | 0.01238 |
| 41 | 808,308 | 13,688 | 7,041 | 6,647 | 0.01693 | 0.00822 | 98,917 | 0.00813 |
| 42 | 831,190 | 8,498 | 4,348 | 4,150 | 0.01022 | 0.00499 | 98,853 | 0.00494 |
| 43 | 872,100 | 4,869 | 2,436 | 2,433 | 0.00558 | 0.00279 | 98,783 | 0.00276 |
| 44 | 912,333 | 2,230 | 1,093 | 1,137 | 0.00244 | 0.00125 | 98,707 | 0.00123 |
| 45 | 962,119 | 975 | 517 | 458 | 0.00101 | 0.00048 | 98,623 | 0.00047 |
| 46 | 982,284 | 395 | 202 | 193 | 0.00040 | 0.00020 | 98,530 | 0.00019 |
| 47 | 960,857 | 131 | 56 | 75 | 0.00014 | 0.00008 | 98,427 | 0.00008 |
| 48 | 936,420 | 61 | 32 | 29 | 0.00007 | 0.00003 | 98,314 | 0.00003 |
| 49 | 906,967 | 87 | 37 | 50 | 0.00010 | 0.00006 | 98,189 | 0.00005 |
| 総数 | 24,265,745 | 865,239 | 443,430 | 421,809 | 1.36085 | 0.66332 | — | 0.65879 |
| 15〜19 | 2,779,131 | 7,782 | 4,028 | 3,754 | 0.00280 | 0.00135 | 498,235 | 0.00135 |
| 20〜24 | 2,897,172 | 72,092 | 37,091 | 35,001 | 0.02488 | 0.01208 | 497,779 | 0.01203 |
| 25〜29 | 2,862,291 | 220,933 | 113,533 | 107,400 | 0.07719 | 0.03752 | 497,222 | 0.03731 |
| 30〜34 | 3,174,819 | 312,582 | 159,619 | 152,963 | 0.09846 | 0.04818 | 496,552 | 0.04785 |
| 35〜39 | 3,604,575 | 201,010 | 103,189 | 97,821 | 0.05577 | 0.02714 | 495,601 | 0.02690 |
| 40〜44 | 4,199,110 | 49,191 | 25,126 | 24,065 | 0.01171 | 0.00573 | 494,236 | 0.00566 |
| 45〜49 | 4,748,647 | 1,649 | 844 | 805 | 0.00035 | 0.00017 | 492,083 | 0.00017 |

国立社会保障・人口問題研究所『人口問題研究』第 76 巻 4 号による．(6)欄の総数は合計特殊出生率，(7)欄の総数は総再生産率，(9)欄の総数は純再生産率．
出典：http://www.ipss.go.jp/syoushika/tohkei/Popular/P_Detail2021.asp? fname=T04-08.htm

$$エンゲル係数 = \frac{食費支出}{家計支出} \times 100(\%)$$

つまり，食費が家計中でどれくらい重要か，という指標である．要するに「食うに困っている程度の割合」として知らない人はそれほど多くはないだろう．ドイツの統計学者エンゲルがはじめて家計の苦しさ(逆に言えば家計の余裕や生活の豊かさ)を表すために用いて「エンゲルの法則」として有名になり，日本でも家計調査を元に長く計算されている歴史があり，実際，ある1年をとっても，所得の階層が上がるにつれエンゲル係数は下がっている．いくら金持になっても食べることは大きく変らない．

今の日本では，ひとまずは貧困は解決され，ふつうの意味では飢え死にする人はいない．エンゲル係数は20～25%になっている．ただ，興味深いことに，エンゲル係数は少しずつ上がっている．これは食習慣が変化したか，あるいは家計自体がデフレで若干低所得に変化した(デフレの下でも食習慣は大きくは変わらず)からか，重要な問題が隠れている(表4.3)．

表 4.3　食糧費の割合

消費支出に占める食料費の割合(%)

| 年度 | 総世帯 | 二人以上の世帯 | 単身世帯 |
|---|---|---|---|
| 2017 | 25.5 | 25.7 | 24.5 |
| 2016 | 25.7 | 25.8 | 25.1 |
| 2015 | 25.0 | 25.0 | 25.1 |
| 2014 | 24.0 | 24.0 | 23.8 |
| 2013 | 23.6 | 23.6 | 23.5 |
| 2012 | 23.6 | 23.5 | 24.1 |
| 2011 | 23.6 | 23.6 | 23.5 |
| 2010 | 23.2 | 23.3 | 23.1 |
| 2009 | 23.4 | 23.4 | 23.1 |
| 2008 | 23.2 | 23.2 | 23.0 |
| 2007 | 22.9 | 23.0 | 22.5 |
| 2006 | 23.1 | 23.1 | 22.9 |
| 2005 | 22.7 | 22.9 | 22.1 |
| 2004 | 23.0 | 23.0 | 23.0 |
| 2003 | 23.1 | 23.2 | 22.6 |
| 2002 | 23.3 | 23.3 | 23.3 |
| 2001 | 23.2 | 23.2 | 22.9 |

消費支出に占める食料費の割合(%)：地域別

|  |  |
|---|---|
| 北海道 | 24.5 |
| 東北 | 25.6 |
| 関東 | 25.8 |
| 北陸 | 26.2 |
| 東海 | 25.2 |
| 近畿 | 27.1 |
| 中国 | 25.9 |
| 四国 | 24.5 |
| 九州 | 24.3 |
| 沖縄 | 28.0 |

**参考：国際比較は注意**　一般に統計指標の国際比較あるいは国際的集計は，ラフな議論を別とすれば，あまり意味がないかあるいは慎重さが必要である．

エンゲル係数の国際比較もあまり意味がないか，あるいはあらかじめ社会経済的条件をよく調べてからがよい．例えば，各国ごとに，家計支出で大きな住居費はどう負担されているか．住居，土地が国有ならどうか，私的所有がふつうか，それならローン負担か相続で軽負担か，それとも賃貸が主流か，等々である．例えば，第二次大戦前の日本では賃貸がふつうであった．マンションや戸建て購入が大きな流れになれば，家計支出のなかで住居費の重みが増え，食費の割合は下がる．それが生活の豊かさか，生活の豊かさとは何か，を考えることになる．エンゲル係数自体はジニ係数とは異なり，所得格差を表さないから，時節柄忘れられた感じもするが，しかし本当のところ隠れた意義がある．

**対トランプ世論が世界最悪であった日本**　このことは日本が調査において国際的に孤立していいということではない．世界全体を母集団とした世論調査は「国際価値観調査」などないわけではないが，ほとんど話題になることはない．世界における日本の客観的姿は今後重要になっていくが，共通質問票による世界大の世論調査の推進は非常に重要である．世界の地域規模の取り組みはあるが，サンプリングの問題，共通質問の作成の課題などが理由とされて，大きな動きは皆無である．

そのような状況の中で，新聞の海外特派員の目を通して伝えられる極めて限られた世界における日本像が固定化しつつある．逆に，日本の対世界政治イメージもその傾向がないわけではない．一例では，トランプ大統領に対する日本世論は，国際ギャラップ調査(ギャラップ社とは別法人)では，世界最悪であった．この世論はどのように作られたのであろうか．大きな課題である．

おそらくは，海外調査会社の日本進出，世論調査開国で「グローバル・サンプリング」が進むかもしれない．

# 5章

# データ分析と予測

## 5.1 平均値を信じすぎない常識：非対称分布

高校のときけっこうよく勉強し試験を受けたあとも手ごたえがあった．ところが帰ってきた点数は71点で，思わず「平均は何点だったの」と知りたくなった．試験は思ったよりは難しかったのか．自分の点数ではないのに，「平均」が気になる．

もうひとつ，自分は平均から上なのか下なのか(まさか下はないだろうが)，それもどれくらいか．こういうことは自然で，平均はそれだけ信頼される集団の指標である．平均は加えて件数(個数，人数)で割るだけでよく，シンプルで集団を代表する優れた性質をもつ．とはいえ，実際には用い方に注意しなくてはいけない．例えば，年収200万円の人が4人，700万円の人が1人いたとしよう．これを平均すると

$$\frac{200 \times 4 + 700 \times 1}{4+1} = 300$$

となるものの，この平均300万円には5人中4人までもが納得しにくいし，あとの1人にとってもキマリ悪い数字であろう．このように，平均はかならずしも実際には存在しない．その原因は700万円というバッグンの数字の影響で，計算も誤りではなく正しいのである．平均値にはこのような面がある．

図5.1でみるごとく，集団の経済量の平均値は思ったより大きめに出る．サラリーマンには並みの人の何倍も年収を得ている人が少数(とはいえ，無視できない程度)いて，それも同資格で平均するとずいぶん大きな数字になるのである．それよりは，統計学では最多数の値を「最頻値」(モード)というが，こ

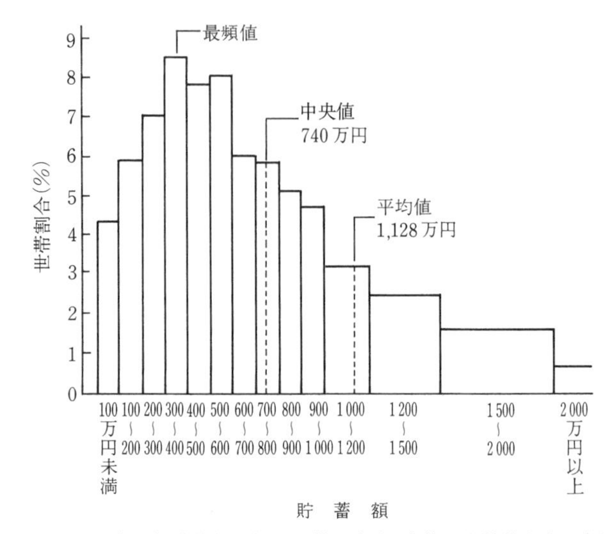


図 5.1　平成 3 年貯蓄額階級別世帯分布(中央値は中位数ともいう)

の方がむしろ代表的である．図 5.1 でも，貯蓄額の平均値は 1,128 万円だが，最頻値は実はたったの 300〜400 万円である．平均の 3 割程度にすぎないが，最多数なのでこれがサラリーマンの実感として正しい．

ところで，もう一通りあり，「中央値」(メディアン)とは，すでに述べたように，少ない方から多い方へ並べた場合のちょうど真ん中の値をいうが，中央値も代表する値として考えてよいだろう．これは，平均値と最頻値の間にあり 740 万円である．まとめてみると，「代表する値」でも 3 通りの考え方があり，

平均値＝1,128 万円，中央値＝740 万円，最頻値＝300〜400 (350)万円

実際，多くの経済量の分布は，バツグンの数字もある右に流れる非対称な形になるから，平均値が驚くほど大きくなることは避けられない．統計を見るときは注意すべき常識である．また，多くの場合．証明できるわけではないが

平均値＞中央値＞最頻値

であることも知っておこう．しかも，統計学的には，どれかが正しくどれかが誤りというわけではない．もちろん，これはこの分布の形の場合をだけでよくある左右対称の正規分布では，この区別はなく三数はほぼ一致する．

## 5.2　集中と散らばり

平均値は多くのデータの値を一数で代表する数だが，それだけでデータのすべてが尽くされるわけではない．

それどころか，すべてのデータは平均値に一致せず，これから離れて散らばる．この散らばりが小さければ，平均値の信頼は高いが，大きければ平均値をいっても大して用をなさない．モノを測っても測定されるたびに大きく散らばるなら精度が悪い測定でアテにできない．株式の利回りは高いが，価格が乱高下し大きく散らばるのでは，リスクが高く，買うのに用心する．

散らばりを測る標準的なやり方は，「分散」，それから求める「標準偏差」，ややかわったところで「平均偏差」がある．その原理を説明しておこう．まず，3通りのデータ

データA：10，11，12，13，15，15，17，18，19，20

データB：10，13，13，15，15，15，15，17，17，20

データC：13，14，14，15，15，15，15，16，16，17

がある．データA，B，Cはすべて平均が等しいが，平均15.0に対する集中の度合が異なっている．つまり，平均だけですべてデータの様子をあらわすことはできない．データCは平均へ集中し，データAではその逆で散らばりが大きく，データBは2つの中間である．散らばりだから，まず平均からの差(偏差)は，

データA：−5，−4，−3，−2，0，0，2，3，4，5

データB：−5，−2，−2，　0，0，0，0，2，2，5

データC：−2，−1，−1，　0，0，0，0，1，1，2

となる．−は平均以下を表している．よって偏差の大きさは−をとりはらい

$$\text{データA}:\frac{5+4+3+2+0+0+2+3+4+5}{10}=2.8\quad(\text{大})$$

$$\text{データB}:\frac{5+2+2+0+0+0+0+2+2+5}{10}=1.8\quad(\text{中})$$

$$\text{データC}:\frac{2+1+1+0+0+0+0+1+1+2}{10}=0.8\quad(\text{小})$$

となるが，確かに予想した通りである．これは「平均偏差」というが，あまり用いられない．むしろ，散らばりの程度として用いられるもう一つのものは分散 $S^2$(エス２乗)で，－をとりはらった絶対値のかわりに２乗を用いるもので，各データに対し，分散は

$$A:\frac{(-5)^2+(-4)^2+(-3)^2+(-2)^2+0^2+0^2+2^2+3^2+4^2+5^2}{10}=10.8$$

$$B:\frac{(-5)^2+(-2)^2+(-2)^2+0^2+0^2+0^2+0^2+2^2+2^2+5^2}{10}=6.6$$

$$C:\frac{(-2)^2+(-1)^2+(-1)^2+0^2+0^2+0^2+0^2+1^2+2^2+2^2}{10}=1.2$$

であるから(慣れないかもしれないが，この計算ルールだけ知っておこう)

$$S_A{}^2=10.8,\ S_B{}^2=6.6,\ S_C{}^2=1.2$$

となり，やはり同じ大，中，小の傾向を反映している．ただし，散らばりのちがいが平均偏差よりもおおげさなのは２乗したためで，逆に平方根をとると，修正される，分散 $S^2$の平方根 $S=\sqrt{S^2}$ は標準偏差とよばれている．電卓から $\sqrt{10.8}=3.286$，$\sqrt{6.6}=2.569$，$\sqrt{1.2}=1{,}095$ で，やはり同じ大，中，小の順で

$$S_A=3.286,\ S_B=2.569,\ S_c=1.095$$

が３つのデータの標準偏差となる．分散・標準偏差は，理論上の理由から，わかりやすく計算しやすい平均偏差よりも用いられる．ただし分散が元である．

**5 数要約で替りも**　以上は原理の説明で，Excel では関数 STDEV. S(　)で計算されるから，めんどうではない．しかしそれでも「古くさい」という向きには，5 数要約の「箱ひげ図」からワンショットの現代的方法もある．

レンジ(範囲)＝最大値－最小値

ミッドレンジ(四分位範囲)＝上四分位点－下四分位点

は見てわかるが，測り方が異なるから，場合に応じて用いればよい．

## 5.3　相関係数：−1，1の間で関係が表わされる

2つの変量の相関関係の強弱の程度，関係の向き(同じ向きに動くのか，逆方向か)を計量化することは統計学の発展の歴史の中で重要な意味をもっていた．また，統計学は「相関係数」のところで，ようやく統計学の学びらしくなり，かつ「これは使える」と感じさせるものである．

現在よく知られている「相関係数」は，1906年に提案されたものである，まずは，元の2章に戻り表2.1と表2.2の2つのデータ例を見られたい．散布図2.5を見ると，相関関係がいかに異なるかを実感できる．

相関係数は2の変量$(x,\ y)$のデータの$n$組

$$(x_1,\ y_2),\ (x_2,\ y_2),\ \cdots,\ (x_n,\ y_n)$$

に対し，各平均$x$，$y$をおのおの差し引いた偏差ペア

$$(x_1-\bar{x},\ y_1-\bar{y}),\ (x_2-\bar{x},\ y_2-y),\ \cdots,\ (x_n-\bar{x},\ y_n-y)$$

をもとに3つの量を計算すればほとんど終わる．．その後$\sqrt{\ }$の計算があるが難しいものではない．それさえも，ExcelではCORREL(　,　)で一発であるから，実質何の困難もない．ただ結果の解釈は頭を使う．

次の年齢血圧データ[*2]で行こう．原データ

| $x$ | 35 | 45 | 55 | 65 | 75 | 合計 |
|---|---|---|---|---|---|---|
| $y$ | 114 | 124 | 143 | 158 | 166 | |

から，まず$\bar{x}=55$，$\bar{y}=141$で偏差から

| | | | | | | |
|---|---|---|---|---|---|---|
| $x-x$ | −20 | −10 | 0 | 10 | 20 | |
| $y-y$ | −27 | −17 | 2 | 17 | 25 | |
| $(x-\bar{x})(y-\bar{y})$ | 540 | 170 | 0 | 170 | 500 | ①=1.380 |
| $(x-\bar{x})^2$ | 400 | 100 | 0 | 100 | 400 | ②=1.000 |
| $(y-\bar{y})^2$ | 729 | 289 | 4 | 289 | 625 | ③=1.936 |

和は①=1.380，②=1.000，③=1.936から，相関係数は，ストレートに

$$r=\frac{1.380}{\sqrt{1.000}\sqrt{1.936}}=0.99$$

で終わる．ここで何より相関係数の最大の特色とメリットとして

$$-1 \leqq r \leqq 1 \quad (-1 \sim 1)$$

であり，重要な判断として

$r>0$（正）⇒ $x$，$y$ は同方向
$r<0$（負）⇒ $x$，$y$ は逆方向

に動く傾向があり，1 あるいは −1 に近づくほど，その関係は強くなる．0 の周辺なら，$x$，$y$ の関係は見られず，「無相関」という．なお，「近づく」とか「周辺」の絶対的基準はなく，‘苦労する人’，‘こじつける人’ も多い．

この年齢-血圧関係はもともと強いものであり，それは図 2.5 からもうかがい知れよう．$r=0.99$ はもっともな値である．見ての通り，年齢から直ちに血圧が知られるくらい強い関係性がある．次節では，その関係の式が

$$\text{血圧} = 1.38 \times \text{年齢} + 65.1$$

と導かれる．反対に表 2.1 の兄弟姉妹の身長データについては，相関係数はそれほど高くならない．

相関係数は関係の向きと強さの程度を表すというが，具体的に $r$ がどのくらい 1（あるいは −1）に近ければ，関係があると判断してよいかの基準は与えていない．これはデメリットとはいえない．なぜなら，とにかく相関係数 $r$ で判断できるところまではこぎつけたのである．

**この目でしっかりと**　相関係数は相関図とともに見るべきものである．そうでないと，誤った結論を導いたりすることさえある．表 5.1 はある飲料メーカーの競合する銘柄 A，B の各都市における売上高データである．人口その他の諸要因にもとづく大・中・小都市の分類に従ってデータがとられている．A と B は競合銘柄であるから，A の売上げ $x_a$ と B の売上げ $x_b$ の相関係数は負（マイナス）であり $r<0$ となると予想するであろう．しかし，29 都市について散布図を描くと $r>0$ となることは一目見てわかる（図 5.2）．やはり全体として一方が売れれば他方も売れ，市場規模がリードするのである．

しかし，相関図を人口などの規模で大・中・小ごとに 3 つの群に分ける（層

**表 5.1**　ある飲料の競合銘柄 A，B の各都市における売上高データ(仮説例)

＜小都市＞

| No. | 売上げ 銘柄A | 売上げ 銘柄B | 人口 ($10^3$ 人) |
|---|---|---|---|
| 1 | 17.4 | 14.8 | 144 |
| 2 | 13.2 | 14.4 | 184 |
| 3 | 11.5 | 20.3 | 157 |
| 4 | 15.1 | 10.2 | 168 |
| 5 | 20.3 | 12.1 | 199 |
| 6 | 10.1 | 17.6 | 133 |
| 7 | 5.8 | 24.7 | 125 |
| 8 | 5.7 | 28.0 | 101 |
| 9 | 7.4 | 27.8 | 138 |

＜中都市＞

| No. | 売上げ 銘柄 A | 売上げ 銘柄 B | 人口 ($10^3$ 人) |
|---|---|---|---|
| 10 | 26.4 | 17.5 | 330 |
| 11 | 17.6 | 26.2 | 195 |
| 12 | 27.5 | 24.7 | 368 |
| 13 | 24.2 | 22.5 | 361 |
| 14 | 19.4 | 35.3 | 208 |
| 15 | 16.3 | 30.2 | 188 |
| 16 | 14.2 | 33.8 | 178 |
| 17 | 25.8 | 30.6 | 333 |

＜大都市＞

| No. | 売上げ 銘柄 A | 売上げ 銘柄 B | 人口 ($10^3$ 人) |
|---|---|---|---|
| 18 | 26.3 | 31.2 | 329 |
| 19 | 34.5 | 37.5 | 408 |
| 20 | 31.4 | 40.6 | 410 |
| 21 | 42.2 | 27.4 | 594 |
| 22 | 37.5 | 19.6 | 441 |
| 23 | 30.1 | 34.2 | 409 |
| 24 | 39.7 | 45.5 | 550 |
| 25 | 30.4 | 37.5 | 468 |
| 26 | 27.3 | 49.1 | 370 |
| 27 | 38.0 | 40.3 | 437 |
| 28 | 41.2 | 38.2 | 546 |
| 29 | 24.5 | 38.4 | 337 |

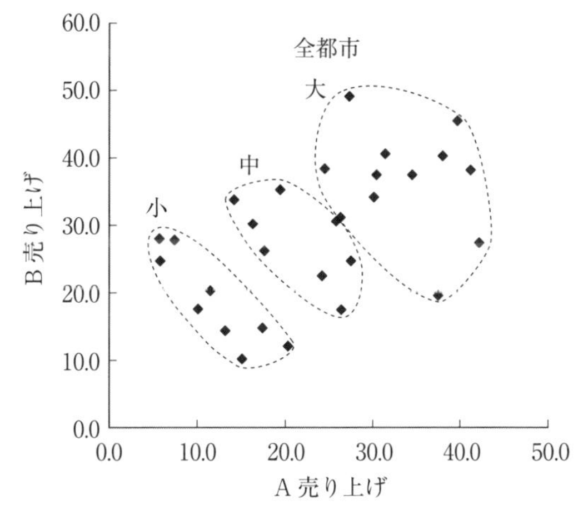


**図 5.2**　集団が3層に分かれている場合の散布図

よく注意すべき点である．

別という)ことによって，意外性のワケがわかる．実際，図 5.2 で大，中，小都市のそれぞれにおいて $x_a$と $x_b$は負に相関している(散布図が逆の斜めに走っている)．市場規模が限られるなら，銘柄が一方が増えれば他方が減る関係になる．このように，散布図を見ながらしらべていかないと，単純な真理も見落とす危険がある．「相関係数は相関図とともに」を強調しておこう．

## 5.4 ランキングを生かす

ランキング批判をしたが，すべてが悪いわけではない．ほとんどの社会，心理現象はそれ自体量的ではないから，その認識，認知の分析は当初からランキングによるほかない．統計学的にはランキングは順序尺度で，‘より○○である’から‘より○○でない’方向へ順位(ランク)番号が付けられるが，これに対しさまざまな統計的方法が用いられる．相関係数を用いる方法を「順位相関」とよぶ．

例えば，技術，活動，行動の社会的リスク感覚を取り上げよう，原子力や遺伝子工学，自動運転，食品添加物などを考えよう．「リスク」risk(形容詞は「リスキー」risky)とは危険なことがら，ないしはその「大きさ」と「確率」を意味する．リスクの根源は多くは技術，活動，行動ないしは社会的出来事や活動であるが，直接にリスクの量を与えない．だが，観察者，受ける側のイメージによってリスクの程度の順位を決めることはできる．知識や判断の能力，社会の階層に依るだろう，参考までに，職業，社会の階層ごとの米国のデータを表5.2に示した．

さて，それぞれの階層のリスク感覚はたがいに似ているだろうか．これは相関係数を転用して，たがいに似ていることの程度とみれば計算できる(ここでは分析は行わない)．

## 5.5 偏差値の意味：用い方で有用

「ヘンサチ」はずい分と批判されてきた．しかし「偏差値」(正確には「偏差値得点」)とは，データ全体の中である値が占める相対的位置を，全体を考えた上で，表す統計的指標である．「全体を考えた上で」だからあきらかにランク(順位)ではない．ランクはその上位を考えているが下位にはよらない．「得点」と言っているが統計用語で，そもそも試験データに限るわけではなく一般的な統計的方法である．こういってもわかりにくいので，次を考えよう．

表 5.2　技術，活動，行動の社会的リスク認知の順位（米国）

| 技術・活動・行動 | (1) | (2) | (3) | (4) |
|---|---|---|---|---|
| 原子力 | 1 | 1 | 8 | 20 |
| 自動車 | 2 | 5 | 3 | 1 |
| 銃（handgun） | 3 | 2 | 1 | 4 |
| 喫煙 | 4 | 3 | 4 | 2 |
| バイク | 5 | 6 | 2 | 6 |
| アルコール飲料 | 6 | 7 | 5 | 3 |
| 自家用飛行機 | 7 | 15 | 11 | 12 |
| 警察職務 | 8 | 8 | 7 | 17 |
| 殺虫剤 | 9 | 4 | 15 | 8 |
| 外科手術 | 10 | 11 | 9 | 5 |
| 消防職務 | 11 | 10 | 6 | 18 |
| 大規模建設工事 | 12 | 14 | 13 | 13 |
| 狩猟 | 13 | 18 | 10 | 23 |
| スプレー | 14 | 13 | 22 | 26 |
| 登山 | 15 | 22 | 12 | 29 |
| 自転車 | 16 | 24 | 14 | 15 |
| 飛行機 | 17 | 16 | 18 | 16 |
| 電気（electric power） | 18 | 19 | 19 | 9 |
| 水泳 | 19 | 30 | 17 | 10 |
| 避妊ピル | 20 | 9 | 22 | 11 |
| スキー | 21 | 25 | 16 | 30 |
| X 線 | 22 | 17 | 24 | 7 |
| フットボール | 23 | 26 | 21 | 27 |
| 鉄道 | 24 | 23 | 20 | 19 |
| 食品添加物 | 25 | 12 | 28 | 14 |
| 食品着色料 | 26 | 20 | 30 | 21 |
| 自動芝刈機 | 27 | 28 | 25 | 28 |
| 抗生物質 | 28 | 21 | 26 | 24 |
| 家庭用具 | 29 | 27 | 27 | 22 |
| 予防注射 | 30 | 29 | 29 | 25 |

［出典］Slovic ら

すでに用いた次の 3 通りのデータを用意する．

データ A：10，11，12，13，15，15，17，18，19，20

データ B：10，13，13，15，15，15，15，17，17，20

データ C：13，14，14，15，15，15，15，16，16，17

見ての通り，分布はどれも左右対称である（図 5.3）．データ A は，平均 $\bar{x}$（$\bar{x}_A$

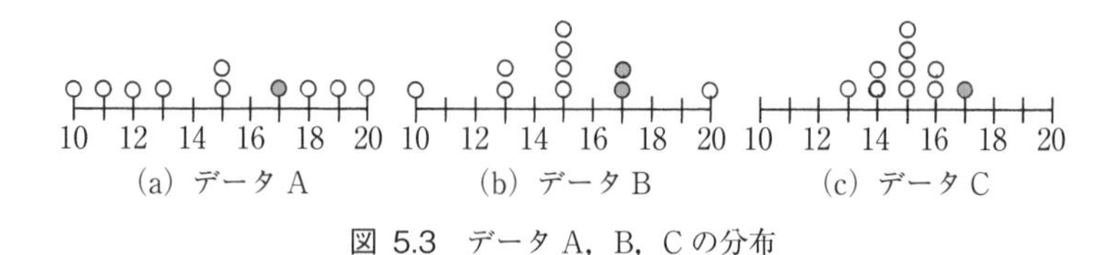


図 5.3　データ A，B，C の分布

と記す）は，$\bar{x}_A=15.0$ となる．同じく，$\bar{x}_B=15.0$，$\bar{x}_C=15.0$ で A，B，C とも平均は等しい．どんなデータでもまず平均と比較するが，偏差値は平均のみを問題にするわけではない．そこで平均は問わないとして揃えておく．

**Q**：それぞれの中で，17 の偏差値をそれぞれ求めなさい．

C の 17 はトップだから相当に高い位置を占めることは直観的にわかるが，A，B ではどうか．B の 17 は A の 17 よりかなり高そうである．実は，確かに高いがわずかに高いだけである．そこで，偏差値の計算に入る前に「わけ」を説明しておこう．

**試験点数の偏差値の逆転**　わかりやすいように，ここでは試験データに例をとり偏差値を説明する．M 君の国語の成績は $x=80$ であったがクラス平均は $\bar{x}=65.0$ であった．したがって．$x-\bar{x}=15$ となる．ところで，このテストの得点はたいそう散らばりが大きく，標準偏差は $S=9.0$ であった．よって，15 点差は $S$ の 1.67 倍に相当するから，このガンバリの程度を $z$ として

$$z = \frac{80-65.0}{9.0} = 1.67$$

同じく N 君の同一問題の国語の成績は $x=79$，クラス平均は $\bar{x}=66.0$ であった．$x-\bar{x}=13$ であるが，テストは得点があまり散らばらず標準偏差は $S=6.5$ であった．散らばりの小さい状況では，13 点も多くとることは「群を抜く」位置であり，たいへんである．実際 13 点差は $S$ の 2 倍となる．したがって

$$z = \frac{79-65.0}{6.5} = 2.00$$

となる．これを，まぎらわしいが，「$z$ 得点」ということがある．もとの得点は M 君の方が高いのに，$z$ 得点では N 君の $z=2$ は M 君の $z=1.67$ より高い位

置に注意しよう．実際Ｎ君はＭ君よりよくやったのであるから，むしろ公平である．Ｎ君は「チョボチョボ」ではなく「バツグン」によかったのである．

$z$ の値はそのままでは表さず，あとはわかりやすいために，

$$0 \to 50,\ 1 \to 60,\ 2 \to 70,\ 3 \to 80,\ \cdots,\ -1 \to 40,\ -2 - 30,\ -3 \to 20$$

などのように，読み替えの換算ルール

$$\mathrm{T} = 10z + 50$$

を行ってＴで表すのが「偏差値」で，Ｍ君は 66.7，Ｎ君は 70 となる．もとの点数と逆転していることがわかる．Ｎ君，ヨクヤリマシタ．さて

**A.** 先の 17 の位置の問題の答を考えると，同じ値 17 でもデータＡ，Ｂ，Ｃの中では全体における相対的な位置が異なる．まず，標準偏差は

$$S_A = 3.286,\ S_B = 2.569,\ S_c = 1.095$$

だから，17 の $z$ 得点はそれぞれＡ，Ｂ，Ｃの中で

$$\frac{17-15}{3.286} = 0.61,\quad \frac{17-15}{2.569} = 0.78,\quad \frac{17-15}{1.095} = 1.83(\text{倍})$$

これを $\mathrm{T} = 10z + 50$ で換算すれば 17 の偏差値は

$\mathrm{T} = 56.1$(データＡで)，$\mathrm{T} = 57.8$(データＢで)，$\mathrm{T} = 68.3$(データＣで)

となる．繰り返すが同じ 17 点でも集団が異なれば位置が異なる．それが偏差値の意味で，テストデータならどれだけできたか(絶対評価)でなく，どの辺かのいわゆる「相対評価」といわれる考えに属する．

*日本版「偏差値」　受験データに限る．本来は「大学の偏差値」ではない．Ｘ予備校におけるＡ大学の偏差値とは，Ｘ予備校の全国公開総合模擬試験におけるＡ大学受験者のうち合格者の最低偏差値をいう．Ｘ予備校が模擬試験を広く受験者全体に開催すること(エリート大学受験専門予備校では不可能)，その中にＡ大学受験者がいること，合格者が翌春に合格報告をすることなどが算出の条件である．したがって，レベルの低いＢ大学の志望者は公開模試を受験する意欲もないため，Ｘ予備校にはＢ大学の情報がないという状況もありうる．

**スタナイン**　場合によっては偏差値が使いにくいこともある．10 点満点だと $x=0, 1, 2, \ldots, 10$ に限られるため，偏差値も 10 通り，しかもトビトビの値しかありえない．むしろ，分類で表した方が良いという考え方から，中心のまわりに上，下へ 4 通り，合わせて 9 通りの等しい幅の分類 $\{1,\ 2,\ \cdots,\ 9\}$ を定めた評価法がある．これが「スタナイン」で，$z$ 得点を分類した表を与えよう(表 5.3)．心理学者ウェクスラーによる評価もあるが詳しくは省略する．

表 5.3 スタナイン計算

| 区分割合％ | 4% | 7% | 12% | 17% | 20% | 17% | 12% | 7% | 4% |
|---|---|---|---|---|---|---|---|---|---|
| スタナイン | 1 | 2 | 3 | 4 | 5 | 6 | 7 | 8 | 9 |
| $z$ 得点 | .−1.75<br>以下 | −1.75〜<br>−1.25 | −1.25〜<br>−0.75 | −0.75〜<br>−0.25 | −0.25〜<br>+0.25 | +0.25〜<br>+0.75 | +0.75〜<br>+1.25 | +1.25〜<br>+1.75 | .+1.75<br>以上 |
| ウェクスラー<br>尺度得点 | .74<br>以下 | 74〜81 | 81〜89 | 89〜96 | 96<br>〜104 | 104<br>〜111 | 111<br>〜119 | 119<br>〜126 | .126<br>以上 |

**スポーツ・データの偏差値** 偏差値は試験データに限らず計算できる．表5.4のスポーツ・データを見てみよう．多くの変数(変量)にわたっている．データから，ある個人の運動能力・体力の各側面(投げる力，握力，身長，体重)の偏差値を考え，これら各側面の間で比較することができる．番号 No. 2(表5.6)は目立っているが，各偏差値が表5.5のように求められ，特に投げる力において優れていることがはっきりと示されている．

表 5.4 ボール投げ，握力，身長，体重による体力測定

| 番号 | ボール投げ $x_1$(m) | 握力 $x_2$(kg) | 身長 $x_3$(cm) | 体重 $x_4$(kg) |
|---|---|---|---|---|
| 1 | 22 | 28 | 146 | 34 |
| 2 | 36 | 46 | 169 | 57 |
| 3 | 24 | 39 | 160 | 48 |
| 4 | 22 | 25 | 156 | 38 |
| 5 | 27 | 34 | 161 | 47 |
| 6 | 29 | 29 | 168 | 50 |
| 7 | 26 | 38 | 154 | 54 |
| 8 | 23 | 23 | 153 | 40 |
| 9 | 31 | 42 | 160 | 62 |
| 10 | 24 | 27 | 152 | 39 |
| 11 | 23 | 35 | 155 | 46 |
| 12 | 27 | 39 | 154 | 54 |
| 13 | 31 | 38 | 157 | 57 |
| 14 | 25 | 32 | 162 | 53 |
| 15 | 23 | 25 | 142 | 32 |

(『統計学辞典』東洋経済新報社，1989より)

表 5.5a　スポーツ・データの4変数ごとの平均値，標準偏差

| 変　数 | 平　均 | 標準偏差 | 最　小 | 最　大 | データ数 |
|---|---|---|---|---|---|
| ボール投げ | 26.20 | 4.04 | 22.0 | 36.0 | 15 |
| 握　力 | 33.30 | 6.98 | 23.0 | 46.0 | 15 |
| 身　長 | 156.60 | 7.23 | 142.0 | 169.0 | 15 |
| 体　重 | 47.40 | 9.09 | 32.0 | 62.0 | 15 |

表 5.5b　No.2の各側面の比較

| 変数 | 素点 | $Z$得点 | 偏差値 $T$ |
|---|---|---|---|
| ボール投げ | 36 | 2.43 | 74.26 |
| 握　力 | 46 | 1.82 | 68.19 |
| 身　長 | 169 | 1.72 | 67.15 |
| 体　重 | 57 | 1.06 | 60.56 |

## 5.6　回帰分析で予測：方法を手に入れる

ここからはいよいよ「予測」である．「予」というから‘予言’かというとそうではない．わかっているコトからわかっていないコトを推量する，たとえば，「この家は大きく構えも立派だからお金がありそうだ」とか，「この家に駐車している車は古いから，新車を買う確率は高そうだ」はもう予測の玄関口まで来ている．あとは，科学的な式を作るだけで(それが作れれば)，回帰分析はまず第一番の方法である．ざっくりと解説しよう．

二つの変量$x$，$y$の間に強い相関関係があれば，$x$から$y$をあるいは$y$から$x$を推量できる．計算で「これ位になるだろう」とする．ピタリでなくだいたいでよい．例えば，図5.4から8月の不快日数$x$とエアコン普及率$y$の間にはかなりの相関がある($r=0.761$)ので，過去の気象データからある都市の不快日数のデータでその都市の世帯数をもとにエアコンの需要が予測できるならば，マーケティング当事者にはたいへん有用な情報となる．この散布図に最もよく合うベスト・フィットの直線がありそうで，その直線の式は

$$\text{エアコン普及率}(y)=2.744\times 8\text{月の不快日数}(x)+7.271$$

である．この式で予測できるが，問題はどのようにしてこれら2.744，7.271を

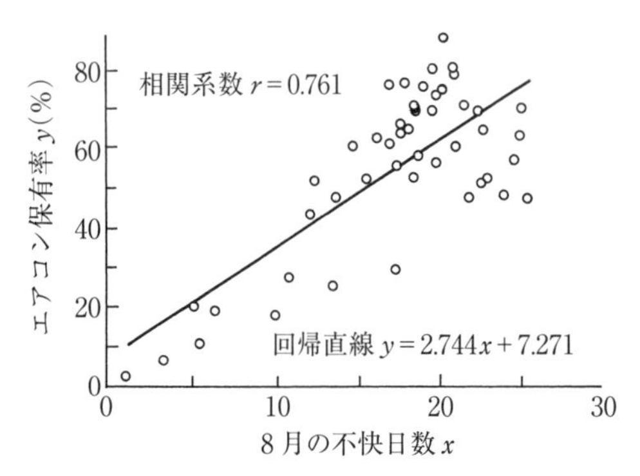


図 5.4　エアコンと不快日数の相関および回帰方程式(相関係数 $r=0.761$)

ベスト・フィットとして決定したのかである.

そこで一般に求める直線を未知の数も b, a によってそれがわかればだれでも「予測」ができる.

$$y=\mathrm{b}x+\mathrm{a}$$

と表しておこう. このようにヒントを決めておいてあとはベスト・フィットの b, a を定める分析を「回帰分析」という. むすかしそうな言い方であるが, 歴史から来たので気にしなくてよい. 実は Excel 関数で指先のワン・クリックなのだが, それではリコウにならない.

もしベスト・フィットの b, a の求め方に関心があるなら,

① データの $x$ からこの式で $y$ を求めたとし, 考え方として

② 求めた $y$ はデータの $y$ とは近いものの, 厳密には異なる(ハズレ),

③ そのハズレがデータ全体で最小になる

ように b, a を定める.

ここでの例 $x$ は不快日数, $y$ は標的のエアコン普及率である. ここで, ②のハズレは差の二乗

$$(\text{データの } \bar{y} - \text{求めた } y)^2$$

を考える. この原理を「最小二乗法」というが, 言い方はどうでもよい.

結果だけを知りたいなら, むしろ簡単で, 相関係数と同様に

$$b = \frac{①}{②}$$

と決められる．aはこのbと$x$，$y$の平均$\bar{x}$，$\bar{y}$が

$$a = \bar{y} - b\bar{x}$$

と決まる．

表2.2の年齢と血圧関係のデータでは，そこで計算結果を利用し，年齢を$x$，血圧を$y$とすれば，

$x$，$y$の平均は55，141，①＝1380，②＝1000

と計算はできているので，一気にb＝1.38，a＝65.1と（この順に）もとまり，血圧の年齢に対するベスト・フィットの式は

$$y = 1.38x + 65.1$$（「回帰方程式」といわゆる）

と決められる．年齢1歳の増加は1.38の血圧の高進をもたらし，またこれから年齢$x$が決まれば，対応する血圧$y$の目安が得られる．ここでbを「回帰係数」aを「定数」あるいは「断片」といい，この直線の方程式を「回帰方程式」という．aは年齢と関係しない部分で0に対する血圧である．

以上は原理で，あとはExcelで自動的に計算されるから，労力は要らない．ただし，$x$，$y$をそれぞれ「独立変数」「従属変数」ということは，データを入れるときに区別の必要がある．各自で試してみよう．

## 5.7　重装備の重回帰分析

変数$x$から$y$を決定する回帰方程式

$$y = bx + a$$

が標準的なモデルとすれば，説明する方の独立変数の個数が増えて2個となり

$$y = b_1x_1 + b_2x_2 + b_0$$

と考えるのはよりパワフルで高度なモデルである．説明変数の個数が2個以上の場合を「重回帰」という$b_0$，$b_1$，$b_2$の決定は，ここでも最小二乗法の原理によるベスト・フィットという基準から行われる．この応用範囲は統計分析の中では以前よりきわめて広く，されない分野の方が少ない．経済学，工学，生物

表 5.6　重回帰の計算(まずは回帰係数だけ読めばよい)

| 変　数 | 回帰係数 | 標準誤差 $s.e.$ | $t$ 値 | 有意確率 $p$ |
|---|---|---|---|---|
| 握　力 | 0.201 | 0.18 | 1.09 | 0.30 |
| 身　長 | 0.171 | 0.13 | 1.30 | 0.22 |
| 体　重 | 0.125 | 0.17 | 0.75 | 0.47 |
| (定数) | −13.217 | 17.60 | −0.75 | 0.47 |

重相関係数 $R=0.831$，決定係数 $R^2=0,691$(表として出力される)
自由度調整済決定係数 $R^2=0.607$，回帰値の標準誤差＝2.532

統計学，医学関連分野，行動科学などである．もちろん，利用できるデータが準備できれば，の話である．

重回帰に対して今までの単一説明変数の回帰を「単回帰」という．単回帰は電卓でもできたが重回帰ではそうはいかず，計算は時間をとるので，PC が解決してくれる．表 5.4 のデータを用いて，投げる力 $y$ を握力 $x_1$，身長 $x_2$，体重 $x_3$ の 3 通りの $x$ から説明するモデルの回帰係数を推定しよう．出力結果から

$$予測式\quad y=0.201x_1+0.171x_2+0.125.\,x_3-13.217\quad (\mathrm{R}^2=0.691)$$

となる(表 5.6)．

まず b の数値が関係から読み取れればよい．あと，知っておきたいのは「決定定数」0.691($\mathrm{R}^2$)で，$y$ がどれだけうまく $x_1$，$x_2$)によって決定されたかを示すものさしである．0〜1 の間にあり 1 が最良である．69.1% だけ $x_1$，$x_2$ から決まり，後の 30.9% はそれ以外のあらゆる要因による部分である．つまり，決定係数が小さいときは，もともと関係がなかったということである．69.1% ならきわめて良い結果とはいえないまでも合格ではあろう．

**看護研究における睡眠時間の予測**　次の表 5.7 のデータは，睡眠剤投与量

表 5.7　睡眠剤投入と周辺騒音の睡眠時間に対する影響

| ケース | $x_1$ | $x_2$ | $x_3$ | ケース | $x_4$ | $x_5$ | $x_6$ |
|---|---|---|---|---|---|---|---|
| (1) | 1 | 7 | 1 | (6) | 11 | 8 | 6 |
| (2) | 2 | 8 | 6 | (7) | 12 | 2 | 10 |
| (3) | 5 | 9 | 3 | (8) | 12 | 3 | 7 |
| (4) | 7 | 5 | 7 | (9) | 13 | 1 | 8 |
| (5) | 8 | 5 | 10 | (10) | 15 | 4 | 15 |

(豊川，柳井)

$(x_1)$，周辺騒音$(x_2)$，睡眠時間$(y)$の計測値である．$x_1$，$x_2$から$y$を予測する重回帰分析をしてみよう．

ここで問題は，原データがあればよいが(今の場合ある)，それがプライバシーで得られない場合である．全くなければ分析は不可能だが，平均，分散(あるいは標準偏差)，そして相関係数の集計値さえあればよい．原データがなくても原データの替りをしてくれるから問題はない．計算の式は統計学のテキストにある(『わかりやすい統計学』表12.4など)．ここでは表5.8の統計値から求めて見よう．

表 5.8　計算結果

平均，標準偏差

| | $x_1$ | $x_2$ | $y$ |
|---|---|---|---|
| 平均① | 8.6 | 5.2 | 7.4 |
| 標準偏差② | 4.79 | 2.74 | 3.92 |

相関係数③

| | $x_1$ | $x_2$ | $y$ |
|---|---|---|---|
| $x_1$ | 1 | | |
| $x_2$ | −0.704 | 1.000 | |
| $y$ | 0.785 | −0.618 | 1 |

$n=10$ ④

①～④より

回帰係数

$b_1=0.567$，$b_2=$　$0.186$，$b_0=3.490$

決定係数，重相関係数

$R_2=0.624$，$R=0.790$

予測式：睡眠時間$(y)=0.567$睡眠剤投与量$(x_1)$—$0.186$周辺騒音$(x_2)+3.490$

$(R^2=0.624)$

$R^2=0.624$からも，さしあたりは無難な使える予測式であり，周辺が全く静かで睡眠剤なしなら睡眠時間は約3時間半，睡眠剤1単位当たり約30分余り伸びることがわかる．

なお，「重相関係数」は$x$に2通りある$(x_1, x_2)$と$y$の相関係数を意味する．

**財務会計への応用**　粉飾決算の発見の糸口にも使える．データMで

$x=$売上高，$y=$売上債権

として，年次，四半期をそれぞれ前後に分け$x$と$y$の関係を見ると，年次で

$$前：y = 0.1106x + 517.21 \quad (R^2 = 0.6641)$$

$$後：y = -0.1926x + 2874.9 \quad (R^2 = 0.1563)$$

後期の決定係数 $R^2$から，$x$ と $y$ の関係が著しく弱まっているうえ，$x$ が逆向きに効く異常さえある．何らかの操作が入った可能性がある．四半期でも

$$前：y = 0.544x + 173.04 \quad (R^2 = 0.9649)$$

$$後：y = 0.6684x + 204 \quad (R^2 = 0.5009)$$

このケースでも後期の $x$ と $y$ の関係がそれまでより弱まっている傾向がある．

# 6章

# 統計による決め方の論理

データサイエンスで「先端を行ってるね」よりは「シャープな人だね」と呼ばれる(呼ばれたい)ための論理の章で，多少「頭の体操」も期待される．1，2節は必ずだが，3，4節は仕事に役立つ節，5，6節はゴールである．

## 6.1 「ほんとうに？」の疑問

「1+2=4はほんとうか？」本当ではない．「1+2=3はほんとうか？」本当である．このように「本当」「本当でない」とハッキリと割り切れる世界が数学の世界である．しかし，同じ数学を扱っていても，統計学は現実の数字を扱う．現実の世界では，必ずしも本当，本当でないかを決められない不確実性がある．そこは統計学が決定を助けてくれる強力な味方なのである．それが世の中だが，性格からそれがイヤならば，さし当りは統計学には向いていない．

次の2つのストーリーを比べてほしい．この感じがわかれば，この章の目的は半分は達せられる．「有意」「有意でない」などの説明は後にする．

① **—有意(ユウイ)だ—**

女の子：お父さん，試験の成績上がったのよ

父：ほう，どうだったの？

女の子：先月は，72点だったけど，今度は89点なの

父：よくがんばったね

女の子：お小遣いちょうだい

父：それが言いたいか

② **—有意でない—**

男の子：お父さん，試験の成績あがったよ

父：ほう，どうだった？

男の子：先月は，75 点だったけど，今度は 76 点なんだ

父：え？

男の子：上がったんだから，お小遣いくれない？

父：上がったうちにはいらないよ，そんなのは．

男の子：75 点から 76 点は確かに上がっているじゃない．お父さん，算数できないの？

父：ほとんど上がってない，あまり上がっていない，上がり方が少ない，本当には上がっていない，…
うーん，困った(冷や汗)

<影の声>お父さんの方が正しい．統計学は数学(算数)とは異なった考え方になる．

①は，そう判断するだけの十分な理由がある(にちがいない)．これだけ大きく上がれば，とにかく上がった「わけ」(原因，意味)があるにちがいない．差(ちがい)は「有意である」という．

②は①とちがって，意味があって上がったといえるだけの差ではない．わずかな差は何か全然別のさしたる意味のない偶然的なものだろう．これを「有意でない」ということになる．

つまり統計学では，大ざっぱにいうと，差について

大きな差 ⇒ 何か意味がありそう．上がったといってよい(有意)．
小さな差 ⇒ 小さくて特別の意味がなく，上がったとはいえない(非有意)．

と決める．もちろん，ここでは「意味」という学力のことである．

ただし，これだけでは解決にならない．どれだけ上がれば有意なのか，つまり上がったと決めてよいのか．それを決めるに役立つものさしが，分散あるいは標準偏差である．以下はチョッピリ頭を使う．

## 6.2 ほんとうに表示通り？：ジュースの品質管理

ベルトコンベアで流れるように大量生産されている現場を見たことがある．一回は乳製品，もう一回は有名な洋菓子である．パノラマのように見事であり，さらに清潔で美しい．無数の製品は品質は同じだろうか．同じと考えてよい．というようは，でき具合などの差があっても，きわめて差は小さくほとんど無視してよいほどである．食品ならば，人間の感覚には識別できないであろう．逆に，何らかの原因でこの理想的な条件がくずれれば，何かの成分が表示通りにならないこともありうる(なお，現実にはその場合は廃棄されるのだが，ここでは考えないことにする)．次のようなケースはどうだろう(架空の例)．

**課題**　あるジュースには「果汁5%」と表示してある．25回(あるいは25人)が試しに調べてみた．サンプル数$n=25$の無作為標本(ランダム・サンプル)である．計算すると，

$$\bar{x}(\text{標本平均})=13.7,\ S(\text{標準偏差})=2.3(\%)$$

であった．表示通りと言っていいだろうか．

統計学はこういう種類のビミョーな問題を解いているのだということが理解できれば50%わかっていると考えてよい．あとは数学的手続きであり誰がやっても同じになるから，具体的に必要な時適用すればよい．問題がわかることが「わかる」ということにほかならない．

「15%」とは平均が15として生産されていて，の意味で，一個だけなら，たまたま少なかっただけで，と判断も成り立ちそうである．標本全体の平均として，13.7－15.0＝－1.3の差だから，無視できないかもしれない．つまり，程度のちがいはあっても全体としてマイナスの傾向かも知れない．反対に1.3%くらいの差は「ほんとうの差がある」とは言えない差なのだろうか．差は有意か，有意でないかの判断となる．もし有意の差があるなら「平均15%」という生産の根本仮定が成立しないことになる．

統計学では「t(ティー)検定」という方法があるが，これが一応は判断の助けになる．ポイントは「標準誤差」という標準で，標準偏差と一字違いである．平均について言われ，平均に基づいて判断するときの「標準」である．

① 平均差：標本平均 $\bar{x}$ − 仮定の平均 $= 13.7 - 15 = -1.3$

② 平均の標準誤差：$\text{s.e.} = \dfrac{S}{\sqrt{n}} = \dfrac{2.3}{\sqrt{25}} = 0.46$ （重要な判断の標準）

この 0.46 が大きい差(有意の差)かそうは言えない差(有意でない差)の分かれ道を決める重要な標準的物差しである．①は標準誤差②の何倍だろうか，割ってみる．

③ t：①÷②で $t = \dfrac{\text{平均差}}{\text{s.e.}} = \dfrac{-1.3}{0.46} = -2.83$

④ ③の t が ±(プラスマイナス)でおおむね 2(ケースにより異なり，また $n$ により動く)を超えれば有意，そうでなければ有意とは云えない．くわしくは t 分布表によるが，Excel はこれを出力する．

ここまで見たように，

> 差が平均の標準誤差 s. e. の約 2 倍* を超えれば有意
>
> *ケースにより $n$ により多少変動するが，$n$ が大きければ 2.16

が基準になるアドバイスである．この判断基準は多くの統計分析で用いられる．

**解** 2.83 は 2 を大きく超え，−1.3 の差は有意であり，生産プロセスが正しく動いていないと判断するに十分な統計的根拠である．よって，よく点検する必要がある．「おおむね 2」は正しくは「t 分布表」で読むが，ここではくわしくふれない．いずれにせよ，標準誤差 s. e. がキーとなっている．

## 6.3 薬は効くのか：ワクチンの薬効の検証

新型 COVID-19 のワクチンの有効性でも考え方としてこの方法が用いられる．

さて，一般に新薬が開発され「安全」はすでに確認されているが，「有効」

であるかどうかを検証したい．異なった被験者集団(必ずしも同数でない)

①　有効成分のない同じ外見の偽薬(「プラセボ」という)を使う

②　新薬を使う

で比較する．なお，各被験者も医師も予断が入らないように，どちらに入っているかは知らないものとする．

＊①を対象群，②を新薬の投薬群(処置群)ということがある．

次のデータはどうであろうか．ある症状を低くするとされる新薬の効果を検証する．

①　7.97，7.66，7.59，8.44，8.05，8.08，8.35，7.77，7.98，8.15　(新薬)

②　8.05，8.27，8.45，8.05，8.51，8.14，8.09，8.15，8.16，8.42　(対照)

どうであろうか．②ではすべて8を超えているが，①では半数が8以下，しかもこえてもわずかであるケースが2個である．はたして①と②の間に差がある(正確には，①が②より低い)と言ってよいか，薬効はあるだろうか．今度は2つの群があって，2つの平均の差の有意を決めることになる．ちなみに

①の標本平均＝8.004　②の標本平均＝8.229，平均差＝0.226

である．この場合の標準誤差は略すが，Excelの計算によれば，

平均差＝－0.226，(s. e.=0.1027)，t=－2.19.

なお，(　)は表示されない．

よって，かろうじて差はギリギリ統計的に有意で，薬効がないとは言えないと判断される．「かろうじて」なので，正確には数表(t分布表)あるいはExcelでその値を知る必要がある．それは面倒なので，次節のP値がある．

* Excelでは「データ」⇒「分断ツール」⇒「分散を等しいとしたt検定」とクリックして進める．分断ツールが出ない場合は「アドイン」によってアクティブにする．次節参照．

## 6.4　有意をP値(ピーチ)：刑事ドラマもP値の考え方

ここまでの考え方は確率を使って述べていることが多いので，まず確率のたとえ話から始めよう．

**ケースブックから**　あるA市で事件が起きた．Xに疑いがかかったが，X

は，次の日の午前中はＡから 800 km 離れたＢ村にいた．Ｘにはアリバイがあって，次のように犯人でないことを主張した．

> やっていたとしたら(仮定)800 km も離れた山の中に翌日午前中にいられるはずはない．その確率は限りなく小さい．だから私はやっていない．
> ＊ 800 km であることがポイントで，20 km であれば成り立たない

したがって，「やっていた(犯人である)」という仮定のほとんどは成り立たない．この論理(ロジック)は，初歩的な「頭の体操」で，(松本清張や西村京太郎ファンでなくても!!)ちょっと考えればだれでも認めるだろう．確率の大小が「やっていた」どうかに結びついてくる．とりわけ，確率が小さいことが仮定(「やっていた」)を成り立たせず，「やっていない」ことの証明となっている．実際，松本清張『点と線』は東京駅のホームの関係からこの小さい確率(1日の 24 時間のうちのたった 11 分のチャンス)に切り込んだ推理小説である．

この考え方をうまく統計学にうまく利用できる．統計学はこの万人の常識にもとづくので強力なゴールデン・ルールなのである．「もし仮定が正しかったらこのような大きい差が出ることの確率は非常に小さい，と計算できたとすれば，仮定は成り立たない」と判断できる．ここでこの大きい差の値の確率を「Ｐ値」という．Ｐとは文字通り「確率」probability を略している．そこで，

> 判断のゴールデン・ルール：差は有意か
> 差の確率が非常に小さい(Ｐ値)　⇒　差が有意　⇒　仮定は不成立

Ｐ値が大きければ，逆に仮定は成立つ．確率は 0〜1 のう絶対基準があるので，どちらか判断しやすい．なお，後で述べるが「不成立」が目的となることが多い．

Ｐ値はこのように有意とかかわっているので，「有意確率」と言われることがある．コンピュータは「数理統計学」から，t 分布とか $\chi^2$ (カイ二乗)分布を自動的に計算し，かわりにＰ値を与える．ただ，ブラックボックスとしてＰ値しか示さないから，Ｐ値の考え方を理解していないと，結論が何なのか全

く理解できない．「データサイエンス」は統計学の替りをすると誤解している人は多いが，むしろ統計学を基礎にしている．

**薬効検定もＰ値で**　新薬の薬効の例をとり上げよう．製薬企業は「効かない」ことを気にしているから，さしあたり仮に「効いていない」と仮定してみよう．もしその仮定が成り立っているとしたら，2つのグループに－0.226．差が出てくるであろうか．これをtの値に換算するとt＝－2.19となった．実はExcelの関数(t検定も)を引くと，仮定のもとではこれほど大きい差はわずか確率4%でしか生まれない．先の例では800 kmが大きいことは直感的にも感じられた．ここでは逆に確率4%でしか出ない大きな差ということから「大きい差」とわかるのである．したがって，仮説が成り立たないくらい有意な差，つまり新薬は効いていると決められる．

念のために思い出しておこう．仮定があって：

Xが犯人としたら(しても)，800 kmも離れているから「Xは犯人ではない」を導き出した．ポイントは確率が小さいことであった．これを上の問題に適用してＰ値で表してみよう．式のくわしい点は『わかりやすい統計学』参照．

分析ツール(上)とt検定(下)

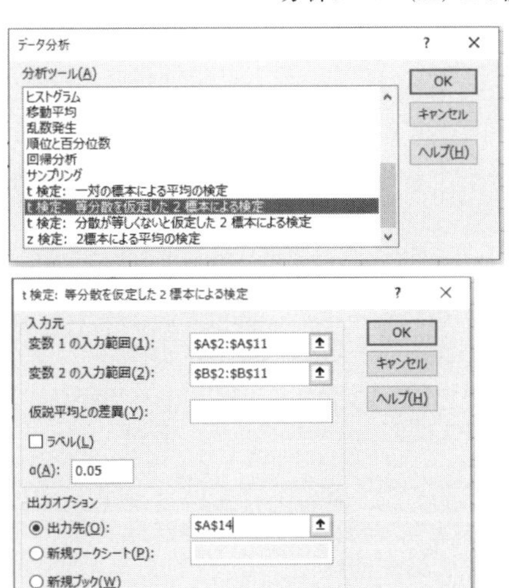


t-検定：等分散を仮定した2標本による検定

| | ① | ② |
|---|---|---|
| 平均 | 8.004 | 8.229 |
| 分散 | 0.076 | 0.030 |
| 観測数 | 10 | 10 |
| プールされた分散 | 0.053 | |
| 仮説平均との差異 | 0 | |
| 自由度 | 18 | |
| t | -2.186 | |
| P(T<=t) 片側 | 0.021 | |
| t 境界値 片側 | 1.734 | |
| P(T<=t) 両側 | 0.042 | |
| t 境界値 両側 | 2.101 | |

0.042と出ている．

図 6.1　t検定(Excel)の進行

私は2つのグループに差はないとあえて仮定してみた.

これから，−0.226の差が出てしまった．これはおかしい．なぜなら，これからt=−2.19と出てこの差はP=4.2%の確率でしか出てこない，ありえない(大きな)差とわかる．したがって，私は2つのグループに差はあると判断し，薬は効くと統計的に結論を出した.

念のため，小さい確率の目やすはおおむね5%(0.05)とする習慣が前からある．さらに学びたい人のためにExcel関数の画面を載せておこう(図6.1).

## 6.5 「ちがい」がわかる：カイ二乗

**ちがいを計る**　世の中には言葉でいうのは易しいが，いざ根拠を示せとなると頭を使う問題も少なくない．ジェンダー(男，女)で差があるか，日本人と外国人で差があるか，というような問題では，人数や件数がデータなので，平均を比べる方法をあてはめられない.

社会や人間のかかわりでは，そういう課題が出てくる．ちがいがないのか，あるのかの計算に使えるのが「カイ二乗」である．ただ，理解に骨が折れ，統計分析のFAQ(よくある質問)のトップがこれで，多少説明は長くなる.

なお「カイ」とはギリシア文字$\chi$で$x$に似ているが，$x$ではない．もっとも文字には特別の理由はないので，前からそう表しているとそれ以上考えない.

**ステップ1**　ある業界では社員および役員の性別は次のようであった.

| | 男性 | 女性 | 計 |
|---|---|---|---|
| 社員(全) | 8,269 | 1,337 | 9,606 |
| 役員 | 311 | 39 | 350 |

「女性役員が少ないではないか」に対して，社員全体では男性が多く女性が少ないのだから，不合理ではないとの反論があった．なるほど…，再反論として，そうだとしても少ない．なぜなら．全社員の比率でなら女性役員のあるべ

き人数は，比率で350人，50人を割り振って

$$\text{男性について}\quad 350\times\left(\frac{8{,}399}{9{,}606}\right)=301.3(\text{人})\quad ①$$

$$\text{女性について}\quad 50\times\left(\frac{1{,}337}{9{,}606}\right)=48.7(\text{人})\quad ①$$

となるべきであるから，男性，女性につき，「社会全体の比率に合っている」との仮定からのちがいは，

$$311-301.3=9.7,\ 39-48.7=-9.7\quad ②$$

したがって，数字(9.7)の上では女性は少なく，男性は多い(！)．問題はこの9.7のちがいは，不平等といえるほど大きいか，有意なのか．

全体としては，差を考えて加えると $9.7+(-9.7)=0$ となって，±(プラスマイナス)が打ち消しあい，ちがいが測れなくなる．±をけすために二乗し，

$$(9.7)^2=94.09,\ (-9.7)^2=94.09\quad ③\quad (\text{自由度}=1\text{個})$$

として，加えれば打ち消しあいは避けられる．ただし，同じ9.7人でも女性ではもともとの数が少ないから重く，男性では軽い意味しかない．その重さ，軽さを入れるためにあるべき人数で割って，

$$(9.7)^2\div 301.3,\ (9.7)^2\div 48.7$$

としてから，男性＋女性で

$$\chi^2: \frac{(9.7)^2}{301.3}+\frac{(9.7)^2}{48.7}=0.312+1.932=2.244\qquad ④,\ ⑤$$

とするとよい．この量を「カイ二乗*」という．ここまで7割である．

**ステップ2**　次に，このカイ二乗については，「カイ二乗分布表」もあり，Excelでも計算してくれる．もっとも実際には結果のみ示される．ちなみに，Excelによれば2.244を引くと，P値は意外と大きく

$$P\text{値}=0.134>0.05\quad \{\text{Excel で CHISQ. DIST. RT}(2.244, 1)\}$$

*カイ二乗には自由度を指定する必要がある．③にしたがって自由度＝1である．「自由度」についてはレベルが高いのでこれ以上述べない．

と出るので，「男性，女性は社会全体の比例になっている」という仮説からのちがいは統計的に大きいとは言えず，有意ではない．まとめておこう．

ある比率に合っているかにに対して，

① 「あるべき」を比率から求め，

② 差「あるべき」－「現データ」を求め，

③ 二乗し，

④ 「あるべき*」で割り，

⑤ 加える．これを「カイ二乗」という．

*「あるべき」とは「仮定通り」を探すことばで，「正しい」という意味ではない．

これまで同様，あとはカイ二乗からP値を求め，5%より小さいか(＜0.05)，大きいか(＞0.05)で判断する．

P値＜0.05なら，「あるべき」は成り立たない(有意)
P値＞0.05なら，「あるべき」は成り立たないとはいえない(有意でない)

ほとんどの場合，ちょうどこの5%に合致するカイ二乗が示される．

判断は有意か有意でないかのどちらが目的かによっていない．ただし多くの統計分析では仮定からの差が有意であることが目的なので，P値が小さいことが望ましくなる．

**関係あるかを調べる**　カイ二乗のパワーは大きく，きわめて広く用いられる．関心がある人は知っておこう．ことに，社会学，経済学，工学，疫学などでは「必須」である．関心が高いから，質問もトップである．

昔からタバコとがんの関係はないのか，あるのかが大きな議論になっていた．今では関係あることは確立している．しかし，以前は，多くの関係データがあり，結論は分かれていた．米国の有名な統計学のテキストにある例を分析する．今回は2×2のクロス表で

| | 喫煙 | 喫煙せず | 合計 |
|---|---|---|---|
| 生存(6年) | 950 | 348 | 1,298 |
| 死　亡 | 117 | 54 | 171 |
| | 1,067 | 402 | 1469 |

「あるべき」を研究上の(誤解しないこと)仮説「喫煙とは関係しない」ととったうえで，この仮定に対して①～⑤を実行する．一般に，多くの場合のように，「関係する」ことが目的であっても「関係しない」と仮定して始めるのが

ポイントである．その理由は，「関係する」はどのように関係するかまで指定しなくてはおよそ「仮定」にさえならないからである．

1,469 人中，1,298 人の生存者，171 人の死亡者がいたのだから，喫煙，喫煙しないが関係ないなら，この割合を両方に用いてよく(ここがポイント)

$$\text{喫煙者の生存数}\quad 1{,}067\times\left(\frac{1{,}298}{1{,}469}\right)=942.8$$

$$\text{非喫煙者の生存数}\quad 402\times\left(\frac{1{,}298}{1{,}469}\right)=355.2$$

同じようにすると，関係ないとしたときの 4 通りのあるべき想定数は，結局

| | 喫煙 | 喫煙せず | 合計 |
|---|---|---|---|
| 生存(6 年) | 942.8 | 355.2 | 1,298 |
| 死亡 | 124.2 | 46.8 | 171 |
| | 1,067 | 402 | 1,269 |

「関連ない」としたときのあるべき想定数　原データ表と比べること

この想定数を原データと比べ，どうだろうか．原データはこの「関係ない」との想定からは大きくちがわず，ちがいは有意でない．このデータに関するかぎり，**統計学的**には関係ないとの結論が予想される．実際③～⑤を実行すると，

カイ二乗－1.729，P 値－0.189　{CHISQ. DIST. RT(1.729, 1)}>0.05

2×2 のクロス表のデータからのカイ二乗の自由度は 1 である．

ここから先は統計学の話ではない(しかし，関心はもつだろう)．当時としてはこのような結論はしばしば見受けられたが，医学研究が進み，データも多く出され，現在は関係ありとの結論が確立している．

ここまで理解できれば，データサイエンスの基礎の学びとして立派である．

# 7章

# 社会調査とマーケティング

## 7.1　社会調査，世論調査，統計調査

いわゆる「ソサイエティー 5.0」が提唱されて以来，ビッグデータや人工知能が世の中を作り変えると言われている．それは予断できないが，わたしたちが自ら生きている社会を知る技術も維持発展させなくてはならない．そうでなければ「データサイエンス」のどこがサイエンス(科学)であろうか．COVID 19 以後どうなるのであろうか．

「社会調査」(ソーシャル・サーベイ)は，社会におけるいろいろな現象を，科学的にデータとしてとらえ，その現象を明らかにすること，目標を定めるための方法である．特別の才能や資格を必要とするものではないので，だれにでもできるとされているが，「科学的」に行うのであるから，その備えは必要であり，だれでもできるわけではない．例えば，社会調査は統計学の社会的応用であるので，統計学の基礎は学んでいなくてはならない．気軽に「アンケート」をとることの拡大版と考えるだけでは危うい．相手は社会である．

「アンケート」も正式用語でなく，正しくは「質問紙」であり，いわば不特定の人々に対し適格なたずね方で，礼儀正しくあることが言うにつき，おたずねの質問(手紙，電話)をすることといってもよい．しかも，相手はそれに対し回答する義務もない．もちろん，自らの欲しい回答結果のために，誘導したり利用したり，相手を選んだりすることは人の道(倫理)に反することである．ことに最近は大手のメディア(マスコミ)にもその「人の道」から外れた事件もおきているだけではなく，調査の結果にも疑念がもたれたりする事例も少なくない．ことに世論調査は民主政治の基礎であることは認識すべきである．

以上をふまえて，社会調査の統計学的基礎を述べ，方法として正しい社会調査を行うことの一助としておこう．ちなみに社会調査の目的による区別をしておこう．

・市場調査　新商品の販売に先立って消費傾向を知るなど，マーケティングに関するあらゆる調査を含む

・世論調査　社会に起きるさまざまなできごとについての人々の意識，あるいは生活の状態をしるための調査

・統計調査　政府が政策目的で実施する国勢調査をはじめとした統計調査．なお，社会調査を「統計調査」とよぶこともある．

これらの調査を行うために，どのような統計的基礎やデータの扱い方が必要だろうか．社会の変化に対し，どのように応じて行けばよいだろうか．

## 7.2　母集団からのサンプリング：世紀の大発明

「日本人の世論」というとき，日本人すべてを考えることは筋として当然であるが，それには膨大な費用と時間がかかり，国家的事業であるだけでなくそれだけの国家的重要性がなくてはならない．5年に一度の国勢調査がその例であって，費用も数百億円かかっている．集団のすべてを調査する社会調査を「全数調査」といい，外来語では「センサス」(Census)という．調査内容，調査の実施法と手続，制度の規則(強制か否か)など多くの課題がある．

この調査すべき全体集団を「母集団」という．「母」というのは元になっているくらいの意味で，英語ではポピュレーション，つまり「人口」のことである．母集団すべては調査できないのがふつうだが，その中から母集団を反映しているといってよい「縮図」として平等に部分(一部)を選べば，その部分の調査結果はあたかも母集団を調査した結果とそれほど大きくは異ならないだろう．例えば，母集団の中から平等に10,000人を選べば，この10,000人を以て日本人母集団の代表(政治的意味でなく)と見てよい．この一部の部分を「標本」(サンプル)という．以後は標本を相手に統計分析を行う(表7.1)．

したがって，「○○内閣の支持率38%」とは，正確には標本の中で38%であ

表 7.1 データ入力の例

| ID | F1 | F2 | F3 | F4 | F5 | F6 | F7 | F8 | F9 | Q1 | Q2 |
|---|---|---|---|---|---|---|---|---|---|---|---|
| 1 | 1 | 1 | 56 | 5 | 5 | 95 | 100 | 80 | 1 | 1 | 2 |
| 2 | 1 | 2 | 32 | 4 | 4 | 45 | 42 | 42 | 1 | 3 | 4 |
| 3 | 1 | 1 | 19 | 1 | 1 | 10 | 3 | 4 | 1 | 3 | 2 |
| 4 | 1 | 2 | 18 | 1 | 1 | 50 | 0 | 1 | 1 | 4 | 5 |
| 5 | 1 | 1 | 43 | 5 | 4 | 65 | 80 | 60 | 1 | 2 | 1 |
| 6 | 1 | 2 | 20 | 2 | 1 | 35 | 11 | 9 | 2 | 9 | 3 |
| 7 | 1 | 1 | 25 | 3 | 2 | 70 | 21 | 19 | 1 | 3 | 3 |
| 8 | 2 | 1 | 23 | 2 | 2 | 30 | 19 | 18 | 1 | 4 | 4 |
| 9 | 2 | 2 | 20 | 2 | 2 | 35 | 17 | 16 | 2 | 3 | 2 |
| 10 | 2 | 2 | 19 | 2 | 2 | 45 | 15 | 12 | 1 | 4 | 1 |
| 11 | 2 | 1 | 20 | 2 | 2 | 40 | 15 | 11 | 2 | 5 | 4 |
| 12 | 3 | 1 | 21 | 2 | 2 | 60 | 16 | 14 | 1 | 4 | 2 |
| 13 | 3 | 2 | 48 | 4 | 4 | 60 | 61 | 45 | 1 | 2 | 3 |
| 14 | 3 | 2 | 28 | 3 | 3 | 50 | 33 | 22 | 2 | 3 | 2 |
| 15 | 3 | 1 | 18 | 2 | 2 | 50 | 12 | 10 | 1 | 4 | 3 |
| : | : | : | : | : | : | : | : | : | : | : | : |

通常，調査対象者の回答を１行ずつ入力する．１つ１つの調査項目は列で表される．

回答は，該当するコードで入力する(このデータの場合，F3 は年齢，F7 は月収，F8 は支出で，実際の値が入力されている)．

ったにすぎないが，母集団の中でもこれと大差ないから，母集団でも 38%のちかくにある．このような方法を「標本調査」(サンプルサーベイ)といい，全数調査法に替わって大母集団の調査を可能にした現代の大発明である．「標本」をとることを，抜き出すという意味で「標本抽出」(サンプリング)という．

**サンプルのたとえ**　レストラン店頭の見本，昆虫の標本，料理人の味見，水質検査で水の一部をとる，大量生産においてときおり，介入していくつかの生産品を標本として検査する情報技術の AD 変換などいずれも全体を代表する一部を調べることである．

**乱数表**　かんじんの 10,000 人をどう選ぶか，これが「無作為抽出」である．「無作為」とは「ランダムに」(意図するところなく)の意訳で，要するに人間の思いが効かないように，いわばくじ引き式に，さいころ式に，あるいはコンピュータの乱数発生任せで，などである．特にコンピュータによる方式では現在の「RDD」(Random digit dialing)で現に用いられている．

ちなみに「乱数」(ランダムナンバー)とはそもそもどのようなものか，要す

表 7.2　乱数表

〈11 頁〉

| 94165 | 75356 | 86142 | 77758 | 19800 | 26551 | 07022 | 15332 | 35508 | 06803 |
|---|---|---|---|---|---|---|---|---|---|
| 46046 | 73168 | 94513 | 60588 | 07343 | 76220 | 59874 | 34901 | 91363 | 48787 |
| 31791 | 59862 | 65624 | 64711 | 09485 | 25556 | 46626 | 64199 | 53264 | 58333 |
| 83505 | 65337 | 62420 | 49620 | 84048 | 48491 | 34565 | 40410 | 73772 | 41673 |
| 22053 | 14533 | 28574 | 85006 | 51061 | 03842 | 71691 | 02396 | 19025 | 58455 |
| 75491 | 58611 | 36024 | 85122 | 58821 | 29768 | 25687 | 06915 | 20469 | 65471 |
| 51366 | 47343 | 99362 | 70663 | 83056 | 91952 | 02176 | 85305 | 70821 | 30638 |
| 88958 | 90081 | 40254 | 33738 | 57335 | 16147 | 75655 | 65029 | 16044 | 87170 |
| 06494 | 84753 | 88302 | 71639 | *62874* | 45839 | 35676 | 73736 | 15500 | 36387 |
| 43144 | 40754 | 65914 | 71575 | 55840 | 15256 | 02475 | 88110 | 08234 | 10096 |

るに全く何の規則もクセもない数の並びで，例えば，0～9 もどれが特に出易いということもないことが確認されている．RDD はコンピュータ・プログラムでこの乱数表を作成している．

例　1000 人の学生から 90 人を無作為抽出する乱数表を用いる．
例えば，6 月 11 日 9 時 20 分であれば，乱数表を 11 頁，9 段目の 20 字目から始めてみる．硬貨をふり，表なら横右へ，裏なら縦下へ読み始める．ここでは表が出たとして右へ読み．3 字ずつ区切る．よって

628，744，583，935，676，…(90 人分)

が標本となる．なお，この乱数表(表 7.2)は教育目的で作成したもので，確認はしていない．ここで問題はどのようにして 90 人と決めたかである．これは後で論じる．

## 7.3　グループ分け：層別標本

母集団がハッキリとした区別で分かれているときは，一まとめしてデータ分析するよりも，別々にコマメに分析し後からまとめるほうがよい．よいと言うのは結果が安定して信頼できるのである(こういう点も統計学の知識によって信頼を勝ち得る点である)．

区別する基準があってそれが効いているとき，集団を分けることを「層別」

という．地層とか試験管の中の水と油の分かれ方をイメージした用語を統計学が借用したのである．

ある会社である職位の社員の平均給与を計算したい．15名のデータは

498 501 480 474 501 492 498 495 486 459 486 474 480 465

である．男性，女性で給料水準が異なるようなので，性別で2層に層別すると次のようになる．

女性　459 486 474 480 465

男性　498 501 480 474 501 492 495 486

別々に分析すると，

| | サンプル数 | 平均 | 分散 |
|---|---|---|---|
| 女性 | 5 | 472.8 | 119.7 |
| 男性 | 10 | 491.7 | 93.25 |
| 全体 | 15 | 484.9 | 182.2 |

全体での分散は性別の場合よりも相当大きい．だから，そこから計算した平均484.9はあまり信頼できない．分散はこのような点でも役に立つ．たしかに，それぞれの性別の中では個人差だけが出るが，全体の中では性別による散らばりも混ざっている．異なる集団は異なることを認めた上で別々に分析するのが合理的という言葉であらわしておこう．

**全国調査**　全国調査でも，本来の層別の考え方では似たものを同じ層にしていくつかの層を作成するのだが，それでは何百 km も遠く離れたものが同じ層に入ると分析の上でも不便であるから，むしろ似たものが近くなるように層別の基準をとる．例えばの話．地域では，

| | | |
|---|---|---|
| 01 北海道 | 06 甲信越 | 11 北九州 |
| 02 東北 | 07 中部 | 12 中南九州 |
| 03 東京 | 08 近畿 | 13 沖縄 |
| 04 南関東 | 09 中国 | |
| 05 北関東 | 10 四国 | |

とするが，あきらかに各地域の中でも市町村の別や産業構造(第一，二，三次)のちがいはあるだろう．そこで，さらに分けるが，人口の大きさで

1.100万以上　2.30万以上　3.10万以上　4.5万以上　5.5万未満

とし，さらに第三次産業(サービス業)の就業人口比を4区分考え，おおむね

$$13 \times 6 \times 4 = 312 \quad (\text{約}\,300)$$

の層を作成する．なお第三次産業はおおむね都市の現代化の程度をあらわすと考えられる．このような層別を作っておけば，産業化，都市化を加えた地方色を統計的に表すことができ，マーケティング調査にも都合がよいだろう．

実際の実施例で見てゆこう．一地点で調査員が20人の個人(調査によっては世帯でもよい)を調べるとし，全体で大きさ6,000の標本を作りたいとすれば，

$$6{,}000 \div 20 = 300 \quad (\text{地点})$$

が必要となる．したがって，まず300地点を全国からサンプリングすることになり，これが第一段サンプリングである．これらを人のまばらな場所に定めても十分な調査はできないから人口に比例して選ぶのがよい．例えば，東京(23区)，大阪市については，人口比率

$$\frac{6094.7}{82944.4} = 0.073\,(7.3\%),\quad \frac{1881.3}{82944.4} = 0.023\,(2.3\%)$$

であるから，300をこの比率で分けると，おおよそ22，7(地点)となる．

このように層別してあるとずい分好都合であり，かつ合理的である．後は，各地点で20人の個人を無作為抽出(あるいは台帳から等間隔で系統抽出)する．これが第二段サンプリングである．以上が「層別二段抽出」とよばれる方法で，国や自治体の世論調査などでよく用いられる．

表7.3で見るように，合計300地点で6,000人がサンプリングされている．

| | |
|---|---|
| 標本の大きさ | 6000人(有権者) |
| 同　一地点当たり | 20人 |
| 地点数 | 300地点(全国) |
| 層の数 | 56層(K：区部，S：市部，G：郡部) |
| 市町村数 | 3374市町村 |
| 総有権者数 | 8294.4万人 |
| 各層内の人口 | 市町村人口統計 |
| 各層の地点数 | 人口に比例 |

ただし，大切なことであるが，こういう人々がすべて調査に回答してくれる

表 7.3 日本人の国民性調査(1983 年)層別の例

| | | | | 市町村 | 有権者数 | サンプル | 地点数 | 層番号 |
|---|---|---|---|---|---|---|---|---|
| 全国 | - 区部 | - - | 東京23区 | 23 | 6,094,717 | 441 | 22 | K-01 |
| | | 横浜市 | | 14 | 1,984,810 | 144 | 7 | K-02 |
| | | 名古屋市 | | 16 | 1,451,212 | 105 | 5 | K-03 |
| | | 京都市 | | 11 | 1,049,970 | 76 | 4 | K-04 |
| | | 大阪市 | | 26 | 1,881,291 | 136 | 7 | K-05 |
| | | 神戸市 | | 8 | 911,918 | 66 | 3 | K-06 |
| | 市部 | - - | 北海道 | 38 | 2,833,305 | 205 | 10 | S-01 |
| | | 東北 | - 青森、岩手、秋田 | 30 | 1,719,410 | 124 | 6 | S-02 |
| | | | - 宮城、山形、福島 | 34 | 2,432,155 | 176 | 9 | S-04 |
| | | - 関東 | - 茨城 | 18 | 878,518 | 64 | 3 | S-08 |
| | | | 栃木 | 12 | 829,462 | 60 | 3 | S-09 |
| | | | 群馬 | 11 | 822,666 | 59 | 3 | S-10 |
| | | | 埼玉 | 39 | 3,080,074 | 223 | 11 | S-11 |
| | | | 千葉 | 28 | 2,817,368 | 204 | 10 | S-12 |
| | | | 東京 | 26 | 2,168,054 | 157 | 8 | S-13 |
| | | | 神奈川 | 22 | 2,687,058 | 194 | 10 | S-14 |
| | | - 北陸 | - 新潟 | 20 | 1,107,650 | 80 | 4 | S-15 |
| | | | - 富山、石川、福井 | 24 | 1,478,906 | 107 | 5 | S-16 |
| | | - 中部 | - 山梨、長野 | 24 | 1,213,636 | 88 | 4 | S-19 |
| | | - 東海 | - 岐阜 | 14 | 863,815 | 62 | 3 | S-21 |
| | | | 静岡 | 21 | 1,883,637 | 136 | 7 | S-22 |
| | | | 愛知 | 29 | 2,123,808 | 154 | 8 | S-23 |
| | | - 近畿（関西） | - 三重 | 13 | 801,455 | 58 | 3 | S-24 |
| | | | 滋賀、京都 | 17 | 902,120 | 65 | 3 | S-25 |
| | | | 大坂 | 30 | 3,741,652 | 271 | 14 | S-27 |
| | | | 兵庫、岡山 | 30 | 3,012,531 | 218 | 11 | S-28 |
| | | | 奈良 | 9 | 575,070 | 42 | 2 | S-29 |
| | | | 和歌山 | 7 | 476,691 | 34 | 2 | S-30 |
| | | - 中国 | - 島根、鳥取 | 12 | 569,248 | 41 | 2 | S-31 |
| | | | 広島 | 18 | 1,380,059 | 100 | 5 | S-34 |
| | | | 山口 | 14 | 866,199 | 63 | 3 | S-35 |
| | | | (中略) | | | | | |
| | | - 中部 | - 山梨、長野 | 162 | 879,322 | 64 | 3 | G-19 |
| | | - 東海 | - 岐阜、愛知 | 144 | 1,208,031 | 87 | 4 | G-21 |
| | | | 静岡 | 54 | 565,864 | 41 | 2 | G-22 |
| | | - 近畿 | - 三重、奈良、和歌山 | 137 | 1,015,003 | 73 | 4 | G-24 |
| | | | 京都、大阪、兵庫 | 116 | 1,029,485 | 74 | 4 | G-26 |
| | | - 中国 | - 島根、鳥取、岡山 | 154 | 853,762 | 62 | 3 | G-31 |
| | | | 広島 | 75 | 568,374 | 41 | 2 | G-34 |
| | | | 山口 | 42 | 282,029 | 20 | 1 | G-35 |
| | | - 四国 | - 香川、愛媛、徳島、高 | 186 | 1,226,021 | 89 | 5 | G-36 |
| | | - 九州 | - 福岡 | 75 | 811,477 | 59 | 3 | G-40 |
| | | | 佐賀、長崎、大分 | 160 | 1,007,374 | 73 | 4 | G-41 |
| | | | 熊本、宮崎、鹿児島 | 204 | 1,477,328 | 107 | 5 | G-43 |
| | | - 沖縄 | - | 53 | 729,104 | 53 | 3 | O-00 |
| | | 計 | | 3,374 | 82,944,358 | 6,000 | 300 | 56 |

とは限らない．回答率が 70%なら，有効回答率は実際は 4,200 人まで落ちることを知っておこう．

**業種で層別**　これらの層別の考え方は経済統計でも有用である．東京証券取引所(かつての)上場株式の単純平均を推計するために 14 業種(略)に層別する．例として，2 業種を取り上げ

| | 銘柄数 | 平均 | 分散 |
|---|---|---|---|
| 食品水産 | 43 | 119.4 | 3,578.5 |
| 電気・ガス | 11 | 67.9 | 264.4 |

以下略　（西本）

この2業種だけを見ても，あまり平均が異なりすぎて14業種全体を通しての分散は相当大きく，全体平均はあてにならない．

## 7.4　偏り（バイアス）：「代表性」は理想

社会調査の中心は世論調査で，われわれが新聞やテレビなどメディアで見るものであるが，これを実施するのは新聞社など，世論を形づくる役割をもつ者に限られる．その役割と目的は公平に真実を映し出すことで，統計学的に言えば，標本抽出（サンプリング）によって母集団の「縮図」を作ることである．あるいは母集団に対して「代表性」をもつということであり，標本を見ることで母集団を見ているとみなしてよい．

だが，我々の仕事の中では，まわりにある統計的データの多くは「代表性」を満たされない．あるいは，代表性あるデータにしようとするとぼう大なエネルギーを必要とする．例えばこのようなことがある．

われわれの周囲にある統計データは全体集団からは偏っていることが多い，というよりはそれがふつうであることに注意ししょう．とりわけ，マーケティング・リサーチで企業の新商品開発は既存の顧客データに基づくことが多いから，新商品の販売拡大をより大きな集団の中で求めるならば，偏った集団による新商品という問題が出てくるだろう．こういう課題は，AIで解決できる問題ではない．

ではどうすべきか，一刀両断に「一般化できない」とあきらめるべきだろうか．「偏り」があるならば，それを手がかりにして科学的に偏りを除く方法もいくつか考えられている．「傾向スコア」によって背後要因の影響を除去する方法が知られているが，ここではレベルが高いので割愛しよう．

**身近なインターネットのバイアス**　インターネットの普及に伴い，かなり特殊な行動を起こす人々が観察される．次は関係業界の現場報告である(要旨)．

テレビを見ない，新聞，本も読まない人の話—最近，テレビを見ない，新聞も本もほとんど読まない人が増えています．スマホで好きな時間に好きな内容，必要な情報を「インターネットで探せばいい」という若い人が増えています．必要な情報は，「インターネットで容易に得られるから十分」といいます．

確かに，インターネットの世界では，テレビや新聞など得られないさまざまな情報で溢れています．娯楽映像も多数存在します．

どのようなメディアでも，間違った情報が流されることはあり得ます．しかし，特にSNS(ソーシャル・ネットワーキング・サービス)では，誰もが容易に情報発信ができることから，必ずしも正しい情報だけとは限りません．中には，騒ぎを起こすことや誘導，騙しが目的で，悪意をもったデマやウソ(フェイク)も多数存在します．発信している人は，必ずしも世の中全体を代表している人ではなく，内容によっては，かなり特殊な人である可能性も否定できません．

そのために，SNSの情報を100%鵜呑みにするのではなく，他の情報と比較してみる，情報の発信元を確かめる，その情報はいつ頃書かれたものか，その情報がオリジナルなものなのか，引用や伝達なのかなど，確かめる必要があり，客観的に判断する力(ファクトを意識する力)を養わなければなりません．

## 7.5　サンプル数の決め方と信頼の幅

サンプルが5人や10人では十分に信頼できる結論が出ないことは統計学をよく知らない人でも理解している．サンプルが何人の個人からでているか，これを「サンプル数」という．正確には「サンプル・サイズ」「サンプルの大きさ」というが，ここでは一般用語にしたがう．実はサンプル数だけでなく，何%の人々が回答してくれたかが重要である．むしろ現在は回収率が大きな問題になっているが，それでもサンプル数を，調査を企画する段階でまず決めなくてはならないことは変わらない．

世論調査の例では比較的易しく決められる．例えば，Yes，No の二択選択の場合なら，母集団の Yes の比率を P(100P%)として，まず，$n$ をサンプル数として，基本式

$$\sqrt{\frac{P(1-P)}{n}}\qquad (\%なら1を100とする)$$

が，サンプルの Yes の比率の標準偏差，つまり振れ幅(誤差)となる．母集団の比率にはこれだけの ±%を考えなければならない．これが大きすぎると調査の精度は大きく下がる．精度が下がれば，信頼性が低くなることはいうまでもない．

**信頼性幅と調査費用**　P＝0.45 で n＝100，500，1000，2000 で計算する．

① $(0.45\times0.55)\div100=0.0025$，$\sqrt{0.0025}=0.05$

② $(0.45\times0.55)\div500=0.0005$，$\sqrt{0.0005}=0.022$（±2.2%）

③ $(0.45\times0.55)\div1{,}000=0.00025$，$\sqrt{0.00025}=0.016$（±1.6%）…　±5%

④ $(0.45\times0.55)\div2{,}000=0.00012$，$\sqrt{0.00012}=0.0011$（±1.1%）…　±5%

なお，実際は安全策を考え，2 倍し，10，4.4，3.2，2.2(%)を精度(±%)ととるのがふつうである．したがって，($n$＝2,000 として)標本から Yes の比率が 37.8%だったとしよう．母集団の比率は

37.8% ±2.2(%)，　35.6～40.0(%)

の幅となる．これを「信頼区間」ということがある．

①～④から，$n$ が大きければ信頼性幅は狭くなり望ましいが，当然その調査費用が比例的に大きくなる．$n$＝2,000 ととった場合，質問の郵送代は返信用を入れて 200 円/通，質問紙印刷代を 50 円/通とすれば，250×2,000＝500,000 円と安くない．しかも，これは理想的ケースで回収率 100%を想定している．回収率 70%とすれば，$n$＝1,400 と変わらない．さらに分析費用の人件費を 2 人月として 40 万×2＝80 万(円)，外部委託なら人件費(人数×日数×日当)が

加わりこれよりさらに大きい．$n$ が大きくなるほど理想に近づくが，他方費用は増加し，精度か費用(併せて分析結果算出までのスピード)かのせめぎ合いになる．

**慎重に**　この対策として，電話調査があるが(近年はコールセンターなど外部への委託が進み，オペレータの人件費の高騰もあり必ずしも費用削減につながるとは言えない)，セールス・勧誘，オレオレ詐欺などの社会的問題もあり，不明の電話には応答しない最近の傾向から回収率は非常に低く，$n$ が小さくなることもめずらしくない．このような事情から，自社現有の「ビックデータ」を AI で処理する方策も近年は多くなっている．ただしこれは慎重に考えてからがよい．集団の偏りを無視できず，AI もそれを正せないか，危険も伴う．やはり人が介入して，統計学の考え方も生かして，正しい結論に至ることはデータサイエンスや AI の時代には大切なことである．

**ワーディング**　質問票の「言語表現」(word＝言語)は大切である．データは数字の面があるが，質問は日本語文で「国語」の面がある．しかも答えてもらう依頼文であり結果は尋ね方次第だから，公正，正確，答えやすさ，礼儀などの注意は絶対的である．いろいろな意味で重要な注意項目があるが，最近はルーズになり高圧的な雰囲気を感じさせることもまれではない．当然，回答率に直結するから当事者の問題になる．いくつかのルールが挙げられる．

〈ダブルバレル質問を避ける〉　同時に二つ以上のことがらについてたずねる質問文には答えられない．

「あなたは買物や外食をどこでしますか」⇒ 買い物と外食をちがう所でする対象者は答えられない．

「あなたは『大型間接税は不公平を生むので反対だ』という意見についてどう思いますか．⇒ 大型間接税には反対だが不公平をうむからではない，あるいは，不公平を生むけれど賛成だと思っている人は答えられない．賛成・反対とその理由は質問を分けるべきである．

*ダブルバレル　銃の種類で，銃身が２つあり同時に複数の標的を狙える．

〈きまり文句(ステレオタイプ)や業界用語，新聞用語を使わない〉　中立的用語を使うべきである．「天下り」は中立的ではなく，「国家公務員の関連方面の再就職」などとすべきである．

〈質問の基礎が偏っていない〉　質問には作成者の仮定(基礎)がひそんでいることに注意する.

「あなたは『学歴より実力が大切だ』と思いますか」⇒ 学歴と実力は別のものでしかも比べられると考えているが，学歴も実力の一部と思う人には無意味な質問となる.

〈質問の順序の影響に注意する〉　内閣支持は終わりの方で質問したほうが支持率が下がる*.

一般的に先の質問の回答が後の質問の回答に与える影響を「キャリーオーバー効果という．完全に避けることは難しいが，回答誘導に意図的に利用することは避けるべきである.

〈一方的意見や見方を示して回答を誘導しない〉　気が付かないことも多く，回答の逆転もある.

質問文A「いまの憲法は連合軍に占領されているときにつくられたもので，日本の現状にあわない点もあるから，時期をみて直したほうがよい」

質問文B「憲法を改正すれば，再軍備が行われ，日本が戦争に巻き込まれる危険が増大するから，憲法を改正すべきではない」

*西平重喜『統計調査法』培風館

## 7.6　マーケティングデータ

マーケティング調査会社が企画，実施したデータを契約した企業のみが取得できる調査データを「シンジケートデータ」という．この調査は市場の動向を反映した大きい集団を調査しているから，企業独自の調査よりも偏りは少ない．その意味では，国の行う家計調査，消費状況調査に近いともいえよう．その一例として知られているのはビデオリサーチのACR(2014年以降ACR/ex)が挙げられる．同一対象者から，メディア接触，商品関与・消費行動を始め，さまざまな意識，価値観，交通利用など，日常生活のあらゆる場面を網羅的にとらえた代表性のある大規模なデータである．調査地域も，主要マーケットである東京，大阪，名古屋地区など全国7地区におよぶ．調査開始は1973年からとその歴史は長く，長期時系列として市場の変化を捉えることもできる．

各個人(生活者)ごとに

① メディア接触について：テレビ,ラジオ,新聞,雑誌,インターネット,交通利用，街外出など

② 消費行動：商品の使用と所有，購買など

③ その他：生活意識・価値観，レジャーや趣味，余暇活動など

を調査している．サンプリングはARS(エリア・ランダム・サンプリング)で，無作為系統抽出法により調査地点を抽出し，調査地点の住宅地図を基に，調査対象世帯を無作為に選び(最初の世帯：スタート世帯を無作為に選び，以後は住宅地図に振られた番号順に一定の間隔で対象世帯を選ぶ)，さらにその世帯の居住者の中から無作為に調査対象者を無作為に選ぶ方法で，全国7地区，男女12〜69歳でサンプル数は10,700人である．対象者全体に，タブレット端末を貸与し,電子調査票に回答を入力する方式により関東(東京50 km圏が対象)

| | PM | IC | SD | その他 | |
|---|---|---|---|---|---|
| 流入元 | 38 | 24 | 24 | 14 | (%) |
| 流出先 | 74 | 11 | 11 | 4 | (%) |

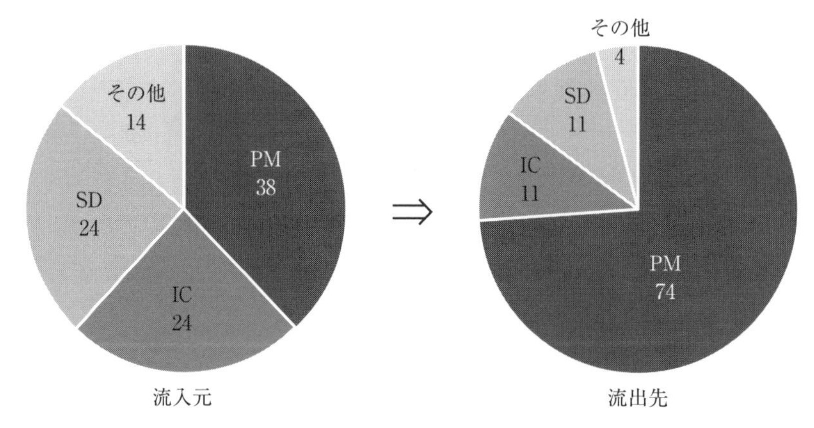


図 7.1　ビールの例

では，1年間回答者を固定(これを「パネル」という)，年4回商品ブランドの浸透状況(ブランドの認知，購入・利用経験など)を定点観測する．

これで面白いのは「ブランドスイッチ」で，例えば3か月前にAブランドのユーザーだった人が現在もユーザーでい続けているか，あるいは他のブランドのユーザーから流入した人がどのくらいいるか，その変化を追うことができる．この変化をブランドスイッチ(流入・流出)という．図7.1はビール銘柄EBの「ブランドスイッチ」での例である(数字はダミー)．

## 7.7 「ビッグデータ」とは「集まるデータ」

「わが社にも膨大なデータが保存されているのだから，何とかそれを役立たせて価値を見出すことはできないか」とは誰でも思いつく考えである．膨大という知から「ビッグデータ」とよばれるが，ただ膨大なだけではあまりにも無内容である．星野らの言い方で日頃の業務とともに「集まるデータ」といえば，多少内容も想像できるだろう．あらかじめ計画して「集めるデータ」とは，もともと根元も異なる．そういう言い方はしていないが，集めるデータの分析についてはこれまで多少詳しく述べてきた．

DX(デジタル・トランスフォーメーション)の流れの中で，集まるデータは文字通りぼう大，形式もきわめてさまざまで，かつ時間的に途切れることなく流れるように入ってくる．その元は，パソコン，スマートフォン，タブレット端末などのデバイスからのインターネット・アクセスログ，Facebook，LINE，Twitterなどの SNS(ソーシャル・ネットワーキング・サービス)を始め，各種 POS データ，ポイントカード，GPS，交通系カードなどによるデータである(図7.2)．

しかも，新個人情報保護法が，部分的ながら「ビッグデータ」の有効活用に向けて前向き緩和の方針に踏み切ったことは注目される(8章)．

目的：個人の権利利益を保護すること

条件：個人情報の有用性に配慮する

ビッグデータがあるからといって，直ちにそれがすべて利益に結び付くと考

| Date | Keywords | Count |
|---|---|---|
| 2008-12-03 17:09:31 | "レコーダー" and "秋モデル" | 21 |
| 2008-12-03 17:10:53 | "CM" and "テレビ" | 41 |
| 2008-12-03 17:11:04 | "価格" and "GT-87A" | 7 |
| 2008-12-03 17:11:37 | "電池" and not "リチウム" | 31 |
| 2008-12-03 17:12:01 | "テレビ" or "TV" | 53 |
| 2008-12-03 17:12:25 | "TR-541" and "オプション" | 0 |
| 2008-12-03 17:12:27 | "HDD" and "2.5" | 24 |
| 2008-12-03 17:13:15 | "TR-541" and "付属品" | 3 |
| 2008-12-03 17:13:48 | "IPS 液晶" | 14 |
| 2008-12-03 17:14:59 | "省エネ" and "扇風機" | 8 |
| 2008-12-03 17:17:11 | "USB" and "電動ドリル" | 0 |
| 2008-12-03 17:18:54 | "bluetooth" and "マウス" | 94 |
| 2008-12-03 17:19:22 | ("hdd" or "dvd") and "net" | 53 |
| 2008-12-03 17:20:34 | "CM" and "キャンペーン" | 101 |
| 2008-12-03 17:20:39 | "防水" and "カメラ" | 12 |
| 2008-12-03 17:21:13 | "ルーター" | 75 |
| 2008-12-03 17:22:09 | "電脳" and "メガネ" | 6 |
| 2008-12-03 17:22:38 | "USB" and "チェーンソー" | 0 |
| 2008-12-03 17:22:42 | "自転車" and "バッテリー" | 0 |
| 2008-12-03 17:23:36 | "スマートフォン" and "有機 EL" | 9 |

図 7.2　POS データの例

えるのは乱暴である．こんな例がある．工業的新製品を開発したが，今までの製品に対して好感度(0〜4)が高いかを考えよう．ビッグデータでも同じことなので，今は顧客を簡単のために A，B，C，D，E とし，好感度はつぎのようであった．

| | 旧 | 新 |
|---|---|---|
| A | 2.5 | 2.7 |
| B | 2.3 | 2.4 |
| C | 3.0 | 2.9 |
| D | 2.8 | 3.7 |
| E | 2.6 | 2.6 |
| 合計 | 13.2 | 14.3 |
| 平均 | 2.64 | 2.86 |

これで新製品の好感度は上がったと言えるであろうか．新製品を使用，評価するのは最終的に人である．これを飛ばして「新製品」はありえない．単独で見ると人により，大きく上がったのは一人だけで(D)，あと4人は，上がり方は大きくない(A，B)，変わらない(E)，下がっている(C)．これでは新製品にはふさわしくない結果で，好感度が上がったからと言って開発が成功したとは言えない．ビッグデータのこのような漠然とした集計の分析だけではなおさら言えなくなるだろう．

**シングルソース・データ**　このようなことはマーケティングに限ったことではなく，一般的に統計学的に言える．データを一つ一つに分けてみると，それぞれ違った効果がある，ここでの言い方では個人差が出ているということである．したがって，企業や広告主は顧客(広告では「オーディエンス」という)と結びつかなければ，本当のところはわからない．この哲学を大きく提唱したのは，アメリカのニールセン(Nielsen)であり，このように個人が元になる調査データを「シングルソース・データ」という．

ちなみに，医学の診断・治療データも医師が各患者の治療前後の効果を把握しているからシングルソース・データである．シングルソース・データは，毎調査ごとに集団が違ってはならないから，数回を通して同じ集団に調査し，これを「パネル」(panel)といっている．パネルはサンプル数は大きく数千から万を超えることが多い．したがって，大きさの点では「ビッグデータ」であるが，このようにしっかりとしたしくみでとられているからこそ使えるビッグデータであり，その分析には統計学の方法が重要である．

**「集める」と「集まる」**　「ビッグデータ」とは何かというとき，単に「大きいデータ」であるというわけではない．それは「集まるデータ」であって計画的に「集めるデータ」とは区別される．だが，それでも十分な区別ではない．例えば，シングルソース・データは，モバイルのような情報デバイスの中に情報収集のソフトを仕掛けることで，購買者の購買データが日々刻々自動的に蓄積される．

つまり，集める工夫をすることで集まるのである．蓄積されたデータはいろいろな統計分析ができるような形に整えられているから，統計学の知識があれば，データ集計と要約，可視化，予測，分類・判別の意思決定，新製品の評価，財務分析など，高度の戦略的マーケティングも可能な範囲に入ってくる．統計学知識の重要性と価値が見直されてくるチャンスがある．

現在のシングルソース・データは，主として日々の営業ニーズのために「覗く」だけの用途に使われているが，それだけならば高価すぎる．おそらくはシングルソース・データも高度利用に適した形に進化する日もありうるかもしれない．例えば，Amazon などのオンライン購買がますます日常消費品まで拡大するならば，その購買データがシングルソース・データになる．

**e-コマース**　一連の生産・流通・消費が電子化される本格的な「e-コマース」(e-commerce, EC)の時代が来るかもしれない．それに必要な知識はまずは機械学習であるが，それを使いこなす素養は集団を扱うプロである．統計学の知識である．つまり

統計学の素養　⇒　機械学習　⇒　e-コマース

という AI システムが成り立つ．重要なことは，「ソサイエティー 5.0」でいう機械学習も AI も「すべて人間に替わって考えてくれる」という誤解は数年たった今そろそろ過去のものとすべきということである．

何をするかは人が指示する．それは音声認識のようなものでなく，要約の表示(データのプレゼン)なのか，予測なのか，判別なのか，費用計算なのかなど，指示しなくてはならない．したがって，仮に機械学習を自動販売機のイメージで考えるにしても，自動販売機が受け付けるように細かい指示と前処理の必要は当然ある．最近データサイエンスのコンペである Kaggle で提唱されている「フィーチャー工学」(feature engineering)もその一つであるが，本格的

にはここまで述べてきた統計学の知識，それも英語で要求される．

進歩する技術に対しそれに追いつくだけでは十分ではない．大海を行く船に乗っている者は自分が動いていることがわからない．どこをどう動いているのか，それを知るための動かない基準が必要である．それは自分が確かに保有している社会に関する基礎知識である．効率性だけで技術の奴隷になる者は技術が時代遅れになるとともにその道連れで滅びる運命である．社会についての基礎知識は共有される不変の資本である．また，データサイエンスの基本スピリットでもある．データサイエンスでは特にこのことをこころがけよう．

**「ビッグ」の問題点**　統計学においては以前より，「十分な大きさの $n$」が望ましいとの確信が共有されてきた．なるほど「ビッグデータ」は大きいが，はたしてそれはいいことなのか．そもそもサンプルが十分に大きいといって，むやみに大きい $n$ にするのは問題である．方法は $n$ にも関係しているから，大きい $n$ に対しては，わずかの差も自動的に有意の結論になって困惑する人が多い．これは精度が高い顕微鏡で長さを測ることと似ている．はがきのサイズはふつうの測り方で 100×148 mm であるが，顕微鏡でみればわずかな誤差も大きな長さの違いとなり，おそらくことごとく異なるであろう．

著者の感覚では，できれば 3 桁の前半かやむを得なければ後半，仮に 4 桁でも 1500 程度までならかろうじて許されるであろう．ただし，日常以上に細かい精度をも問題にする用意があるなら，さらに大きくてもよい．

## 7.8　サンプリングの失敗：「リテラリー・ダイジェスト」事件

これは歴史の話である．アメリカは世論調査の先輩国であり，ギャラップ社がその専門会社としてよく知られている．それでも「リテラリー・ダイジェスト」は文芸社ながら大統領選挙予想に挑み，サンプルの「偏り」から大失敗をしたことで歴史に教訓を残している．

1936 年(4 の倍数の暦年が大統領選挙年)，リテラリー・ダイジェスト The Literary Digest 誌(LD 誌)は電話帳，自動車保有者名簿に名前が載っている人に何百万枚というはがきを送る方法で，11 月の大統領選の当選予測を行った．

予測では共和党のランドン(Alfred Landon)候補 57%，民主党の F．ルーズベルト(Franklin Roosevelt)候補 43%でランドン候補の楽勝のはずであった．結果は，ランドン候補 37.5%に対し，ルーズベルト候補 62.5%で，後者の圧勝であった．

今なら多少の統計リテラシーがあれば，この大失敗の原因はすぐに思い当たる．アメリカでもさすがに当時は電話，自動車所有者は母集団の中で高所得者層に偏っていたのである．はがきの送付先が全集団の中でまんべんなく母集団の忠実な縮図になるように偏りなく送付されていればこの大失敗は避けられたはずである．この偏りを社会調査では「バイアス」(bias)といい(厳密には結果数字についていう)，部分から得られた結果を全体に広げて一般化するときは最も避けなくてはならない．

# 8 章

# 社会と統計の役割

## 8.1　無意識か意図的か

「リアルとフェイクの間」between real and fake という言い方がある．「本物」らしく見せかけて「作り話」であったとか，都合のいい部分をつまみ食いしてストーリーを作るとかの事件が跡をたたない．ポイントは，作り話だが本物らしく見せかけることができるテクニックがいまや可能になったのが現代社会であるということである．ことに，COVID-19 はその見本市のような事件であり，国民の信頼感の喪失は大きな問題である．後で述べるように改正個人情報保護法によって，データが使い易くなった面と使いにくくなった両面あるが，公正のルールと規律によってデータの世界も新しい時代に入ったことを知っておこう．

しかし，誤解か意図的かはおくとして，本物らしくウソをつくことができる点では，統計数字，統計グラフ，統計表現などの誤用，悪用の範囲はむしろ広く，歴史も長い．「統計の誤用」の本も少部数だがロングセラーになっている．逆をいえば，人々が統計を信じているからこそ，人々の信頼に違反し詐欺的でもある．はっきりと「詐欺」といわない人々に財産的被害を与えているとは限らないからだが，当事者も自らの行為の不都合を意識していないことも多く，広く深く横行してしまい，ただしうっかりミスの倫理的違反との区別が難しい．さらに倫理面には，データのプライバシーの問題が加わったため，事態は複雑になってきており，今後は社会全体の健全をこわすことになりかねない．

新個人情報保護法の制定が制定されたのもそのためである．これは AI に対応しているが，むしろ AI をきちんと社会的に正しく理解していかなくてはならないだろう．

## 8.2「べからず」集：Don'ts

健全な統計分析の発展には直すべき点も多い．可視化は強い説得力と美化の力をもつのでまずグラフに関する改善すべき点を述べておこう．

① 縦軸の下部を切り捨てて印象を強調する．途中を破線で省略する．従来きわめて多い．露骨ではあるが最近はあまり見かけない．

② 横軸(多くは時間)を一部切り落とし，除外し，あるいは中途部分を抜き，予めの意図にはめ込む．

③ 局外値(はずれ値)を除外し，意図された関係を作り出す．除外していいかどうかは慎重にすべきである．論争や重大な結果になることもある．

④ サンプル数が小さいのに比較し，全体傾向のように見せかける．はなはだしい場合，成功の一例だけを図示する「不当表示」の疑い．

⑤ 円グラフ(あるいは棒グラフ)に％割合しか示さず，サンプル数がない．どのようにデータが得られたかが，疑われる．

⑥ 多くの立体図示の不適．半径が2倍ながら，体積は8倍となる．印象が先行し，正しい量表示にならない．

⑦ 無関係な量の変化グラフが偶然に同傾向になることを利用して，関係の印象を作り出す．

⑧ 色の訴える力を利用して，実質的にない量や原因を強調する．

⑨ 無関係な(条件や場合が異なる)曲線グラフを組み合わせる．多くの場合，つなぎ合わせの点が不自然になるが，意図的なら悪意がある．

⑩ その必要もなくあるいは条件が異なるのに，グラフ表示を順位別にして，優劣感を印象づける．都道府県別表示では原則的に北海道から出すべきである．米国ではアルファベット順に Alabama 州から表示するのが一般的である．

⑪ 関係の薄いあるいは誇張されたイラストで，データの客観性を補う．

⑫　図と解説文が合わないあるいは解説がないあるいは不十分でわかりにくい．専門家からの借用，引用で当事者自身がわかっていない．

**統計数字，分析結果，計算結果の誤用，悪用，不適切利活用**　広く信用の論争になりかねない．まとめることはできない型通りのケースを挙げる．

〈ランキング〉　しばしば番付表や成績表の感覚で商業的興味本位で行われている．一般的にはランキングは担当者の統計的分析力のなさを表すとみられ，ランキングの元データも表示されず，同条件の比較であるか否かも無視され，下位のランクに対する無配慮，無責任，統計学的無視扱い(統計学はランキングで終わることはなく，目的でもない)などさまざまな問題がある．とりわけ，受験・入試，就職関連のランキングは人の人生を左右し，また大学・高校，企業の自助努力に水をさすなど，その影響は小さいものではない．この方面の野放図なデータ管理も，新情報保護法の実施の元で再考すべき時期に差しかかっている．

〈サンプル数がない〉　きわめて多い．どれだけの信頼性のあるデータがあるのか，信頼できる結果か判定できない．理論上も有意性の検定もできず放置される．印象しか残らず，データに基づく意思決定には向かない．

〈発表バイアスなど〉　あらかじめの意図に合う結果だけが「成功」として発表され，その他は無視される．学問の世界ではリスク要因として警戒されている．一般では，メディアのいわゆる「はめこみ」記事は，取材として半ば公然化しており，鵜呑みにせずに判断力と批判力を用いてこれらの結果に接することが今後重要である．「はめこみ」記事とは，取材者が功名心から強いインパクトを求めるあまり，取材内容のほんの一部だけを前提や前後関係を無断で切り捨てて想定にはめ込む想定記事である．取材される側は現実の自分の記事を読んでその扱われ方の偏りに驚くケースも少なくない．職業倫理も微妙にかかわる問題で，両者の公正で誠実な信頼関係を築く取材の新ビジネス・モデルが望まれる．

〈見かけ上の関連〉　統計学では「見かけ上の相関」として知られる．こどもの成長にともなって，足の裏の面積と学力との相関関係が見かけ上出ること，経済成長に伴い，教職員のの給与と酒の売上高が見かけ上関連をもつなどがみられる．よく知られているので，誤解はないが，これらの延長として，データを用いるナンセンスあるいは「異説」もどきもしばしば見られる．とりわけビッグデータでは，新しい相関関係の発見がニュービジネスの展開のきっかけとして重要視されるが，相関関係は非常に奥が深く多面的，複雑で，AIでワンタッチというわけにはいかない．その判断だけではリスクは高い．

〈定義に無関心〉　たとえば，求人・求職について「8月の有効求人倍率は1.14倍で0.01減」(厚生労働省)と，労働力調査の「8月の完全失業率は2.8%で前月と変わらず」(総務省)はどう関係するのか．このデータを用いるなら両方の決め方の定義を知っておくべきである．コロナウイルスによる死亡の定義においても，重症肺炎患者がウイルスに感染し死亡した場合，死亡診断書の死亡欄はどのように記入されるのか．その原則はどう適用されているのか疑問はほとんど出されていない．死因不明のケースについては制度自体が十分に機能しているか，これも気がかりである．

〈対応策の効果・影響〉　PCR検査によって感染者が発見，決定されるが，検査件数の増減により，感染者数も大きく影響される．しかし，検査件数は発表されず，メディアも追及せずただ感染者数の増減しか報告しないのは非科学的である．この関連で，警察署を増やせば，捜査，検挙活動も量的に拡大し，逆に検挙者数も増大する．この考え方の節は直観と逆になっている．

## 8.3　公正な質問文を：信頼される調査のために

社会調査，ことに世論調査は一人ひとりの回答者のありのままの意見，考え方を知るために行われる．回答は当然質問に対する反応であるから，その反応が真実であるかどうか，得られたデータが信頼できるかどうかは，質問の仕方に大きく影響されることはいうまでもない．誘導したり，追い込んだり，圧力をかけることは回答者も一人の独立した人間である以上，失礼で倫理に反するだけではなく，得られたデータ，さらには分析結果は信頼できず，結局調査の価値も大きく低下する．分析結果が調査者の「気に入る」ものであったとしても，ウソの満足を気に入るひとはないだろう．

しかも，回答者は質問事項以外に回答者の質問や意見を述べても原則的には答えてはならない．それは特定のやりとりが全体の回答をゆがめることになるからである．つまり，質問文は調査者の一方通行であり，調査者が十分に自分を戒めることが調査の倫理である．もっとも，さすがにあからさまにこの倫理に反することは少ない．だから，調査者があらかじめ，望んだ調査結果を導くような巧妙な質問文やたずね方を少なからず見受けられるのが最近の傾向である．公平を期するために当事者もオープンに認めている例をあげよう．

〈ダブルバレル質問〉　A 紙の場合，

1. 観客を制限せず，オリンピックを開催する
2. 観客を制限して，オリンピックを開催する
3. オリンピックの開催に反対である

オリンピック開催への賛否と賛成の場合の方式の2問を一つの質問でたずねる「ダブルバレル質問」で避けるべきルール違反である．開催の賛否を1問として，次に条件の枝分れとして，方式の問を置くべきである．実際，ダブルバレル質問に対して選択肢が対応しきれず，本ケースでも，「反対であるが，観客を制限して開催するならやむを得ない」と考える人には答えられない．しかも，これは世論の流れでは無視できなかった．再考すべき課題である．

〈重ね開き〉　B 紙の場合

1. 支持する　　2. どちらでもない　　3. 支持しない

(どちらでもない回答に)

「あえて言えばどちらですか．」

いわゆる「二度聞き」「重ね聞き」である，長期にわたりこの方式がとられていることは公然の秘密であったが，このたび担当者が自著においてこの事実を認めた．「どちらでもない」も一つの意見であるのに，他へと変更をすることを迫っている．実際に「迫られた」と感じたかどうかは問題ではない．世論調査は，回答者の自由な意見表明を目的としているから，強いる(あえて，と同義)ことはそもそも目的に矛盾する．むしろ二項選択で，

1. 支持する　　2. 支持しない

でたずねるべきであった．ただし，日本人は中庸を好み極端を嫌うから，「どちらでもない」を入れて3項にした以上，そのままの回答を真実と認めるべきである．質問方式の意図が分からず，回答者を困惑させるおそれがある．

〈当事者の意見(公開)〉 重ね聞きを行っていることは認める．行ってない社もあるが，これは各社の方針であり是非の問題ではない(「是」としたから行っている)．また，行っていない段階での結果も公表している(その URL へはアクセスしずらい)．行った結果，自民党支持率は事実として上昇する．

〈著者のコメント〉 ( )内の他，行っていることを認めたことは評価される．ただし，この事実は広く公衆には知られておらず，社会調査の信頼性に対する疑念を呼び起し，結果として自らも傷つけることになろう．さらに，メディアの公共性からすれば，内在的理由はあるはずである．もっとも，調査担当者の外在的関係から，「理由はない」とするに至ったとするなら，そこは忖度すべきことである．

## 8.4 改正個人情報保護法まとめ：新たな「現代人の基礎知識」

規制とともに新しいチャンスも生まれ，新規開発の起業の参考となる． 以下，「参考」(法条文)の前まで，および「参考」中第1，2条は，データサイエンスにとってミニマム社会知識としてもはや一般的な「現代人の基礎知識」であろう．

ことに，新たに「個人識別符号」が定められた一方で，「ビッグデータ」の利用条件も，統計学の基礎知識と並んで，注目される．いわゆる「名簿屋」も規制はされるが(個人識別可能は不可)，むしろ正式存在として認められることとなった．その他，これらは行動ルールという以上にいわゆる強行規定であって，違反には刑事罰を以って臨むことも定められている．

**目的間でバランスをとる** 卒業して○○年，○○君，○○さんはどうしているか，母校にある同窓会事務局に尋ねると，それはプライバシーと言って断られる．同窓会名簿からは電話番号も住所も消えた．もう紙ベースの名簿は望めないかも知れない．他方，日々舞い込む聞いたこともない DM の住所は印刷シールになっている．一方では個人情報の流出がきびしく制限されているが，他方マーケティング利用はむしろ増えている．DMには発送者も載っており，まさか流出ではないだろう．

この二つはたがいに対立しているように見える．まさにその通りで，現在の個人情報保護法の目的と精神は個人情報保護へのこれら二つの対立する要望と期待をバランスさせることにある．「現在」といったのは，改正では利用の条件を明確にかつ厳しく打ち出すことで，利用に向け舵を切ったのである．本格的な情報の時代において，これが社会と国民生活を大きく進展させると考えられた．この一部解禁が産業界からの要望であることはいうまでもない．法律も「事業者」つまり企業(本社と支店の区別を問わない)を対象にしている．したがって，大学や病院の個人情報保護はまた別個の法律による．

敏感な人には，個人情報保護は企業の利益に譲ったのかと批判があるかもしれないが，法文には「個人情報の有用性に配慮しつつ，個人の権利利益を保護することを目的とする」とあり，バランスは個人情報保護の本来目的の方へかたむいている．もっとも，運用の現実がどうなるかはまたべつであろう．

**規制されるもの**　重要なのは個人情報の定義が明確化され，PC内の個人が識別される情報が入ったのは当然として，改正後は紙媒体であろうとまた件数を問わず，したがってただ一人分でも，次は不可である．

> DNA，顔，虹彩，声紋，歩行の態様，手指の静脈，指紋・掌紋(身体的特徴)
> 公的な番号：旅券番号，基礎年金番号，免許証番号，住民票コード，マイナンバー，各種保険証等

これらは「個人識別符号」(改正後)として「個人情報」となる．

**ビッグデータ**　各方面から要望，期待されているいわゆるビッグデータについては，条件付で前向きである．

> 「ビッグデータ」は，個人情報保護委員会規則(略)にしたがい，緩い条件で「匿名加工情報」(特定の個人を識別することができないように個人情報を加工した情報)として作成し，利活用できる．

匿名化されていても「年齢116歳」は実質上識別可能だから不可である.

**守るべき5ヶ条**　事業者に対し以下5通りのルールが定められている.

① 個人情報を取得・利用するとき

② 個人情報を保管するとき

③ 個人情報を他人に渡すとき

④ 個人情報を外国にいる第三者に渡すとき

⑤ 本人から個人情報の開示を求められたとき

それぞれに応じて基本的方針と具体的ケースの扱いの例が示されている.例として,①の扱いを示す.

どのような目的で個人情報を利用するかについて,具体的に特定する.

特定した目的は公表しておく.あらかじめ公表していない場合には本人に通知又は公表する.

※個人情報を取得する際に利用目的が明らかなら逐一相手に伝える必要はない.

取得した個人情報は特定した利用目的の範囲内で利用する.

※商品配送のためだけに取得した顧客の住所を使って自社商品の宣伝はできない.

すでに取得した個人情報を他の目的で利用したい場合には,本人の同意を得る.

要配慮個人情報(略)を取得する時は,本人の同意が必要.

**「名簿屋」も規制で正式存在に**　①義務を設定し,②違反には刑事罰を課す,との条件を設定して,第三者提供を認める.

**――――― 参考 ―――――**

**『個人情報報保護法の基本』個人情報報保護委員会事務局より要旨***

**1. 平成29年5月30日より改正法を実施**

**2. 個人情報保護法とは.**

第1条〈個人情報保護法の目的〉この法律は,高度情報通信社会の進展

* https://www.ppc.go.jp/files/pdf/28_setsumeikai_siryou.pdf

* https://bayesco.org/top/books にあり.

に伴い個人情報の利用が著しく拡大していることに鑑み，個人情報の適正な取扱いに関し，基本理念及び政府による基本方針の作成その他の個人情報の保護に関する施策の基本となる事項を定め，国及び地方公共団体の責務等を明らかにするとともに，個人情報を取り扱う事業者の遵守すべき義務等を定めることにより，個人情報の適正かつ効果的な活用が新たな産業の創出並びに活力ある経済社会及び豊かな国民生活の実現に資するものであることその他の**個人情報の有用性に配慮**しつつ，**個人の権利利益を保護することを目的**とする．

**3. 改正個人情報保護法のポイント**

1)　個人情報保護委員会を設置

2)　個人情報の定義の明確化

3)「匿名加工情報」の利活用の規定を新設

4)　いわゆる名簿屋対策

①　個人データの第三者提供に係る確認記録作成等を義務化

第三者から個人データの提供を受ける際，提供者の氏名，個人データの取得経緯を確認した上，その内容の記録を作成し，一定期間保存することを義務付け，第三者に個人データを提供した際も，提供年月日や提供先の氏名等の記録を作成・保存することを義務付ける．

②　個人情報データベース等を不正な利益を図る目的で第三者に提供し，又は盗用する行為を「個人情報データベース等不正提供罪」として処罰の対象とする．

**4. 定義（改正後）**下線は改正前にすでに規定の部分．波線は改正部分．

第2条〈個人情報の定義〉この法律において「個人情報」とは，生存する個人に関する情報であって，次の各号のいずれかに該当するものをいう．

一　当該情報に含まれる氏名，生年月日その他の記述等［文書，図画若しくは電磁的記録（電磁的方式（定義略）で作られる記録をいう．後略）に記載され，若しくは記録され，又は音声，動作その他の方法を用いて表された一切の事項（個人識別符号を除く）をいう．以下同］により特定の個人を識別することができるもの（他の情報と容易に照合することができ，それ

により特定の個人を識別することができることとなるものを含む)

二　個人識別符号が含まれるもの

「個人識別符号」は以下①②のいずれかに該当するものであり，政令・規則で個別に指定される.

① 身体の一部の特徴を電子計算機のために変換した符号

⇒DNA，顔，虹彩，声紋，歩行の態様，手指の静脈，指紋・掌紋

② サービス利用や書類において対象者ごとに割り振られる符号

⇒公的な番号：旅券番号，基礎年金番号，免許証番号，住民票コード，マイナンバー，各種保険証等

**特記すべき注意**　事業者が守るべきルール

① 個人情報を取得・利用するときのルール

⇒個人情報を取得した場合は，その利用目的を本人に通知，又は公表すること(あらかじめ利用目的を公表している場合を除く.)

② 個人情報を保管するときのルール⇒情報の漏えい等が生じないように安全に管理すること

③ 個人情報を他人に渡すときのルール⇒個人情報を本人以外の第三者に渡すときは，原則として，あらかじめ本人の同意を得ること

④ 個人情報を外国にいる第三者に渡すときのルール

⑤ 本人から個人情報の開示を求められたときのルール⇒本人からの請求に応じて，個人情報を開示，訂正，利用停止等すること

**具体的行動**　主な事項として

事業者が守るべきルール①：取得・利用(略，上記)

事業者が守るべきルール②：安全管理

安全に管理するための措置をとる.

⇒紙の顧客台帳はカギのかかる引き出しで保管・パソコン上の顧客台帳にはパスワードを設定

⇒顧客台帳を管理するパソコンにウィルス対策ソフトを入れるなど

正確で最新の内容に保ち，必要がなくなったときはデータを消去するよう努める.

従業員に対して，必要かつ適切な監督を行う.

⇒従業員が会社で保有する個人情報を私的に使ったり，言いふらしたりしないよう，社員教育を行う

個人情報の取扱いを委託する場合，委託先に対して必要かつ適切な監督を行う．

# 9章

# データサイエンスの心がまえ

## 9.1 データは語るのか：その言い方はあぶない

**決定論の世界**　ある哲学的な考え方によれば，ものごとは基準さえあればよく，すべて白か黒，0か1，真か偽と一通りに「決定」できる．しかし，実際には，われわれに初めて与えられる世界は，多様，不確実，どちらともいえないものである．

医薬の図9.1の例では自分の飲む薬は効くかもしれないし，効かないかもしれない．そこは可能性の世界である．飲もうとしている以上，前者の可能性が高いが，結局のところことがらを判断し，決めるのはその人次第である．もちろん統計データは大切ではあるが，厳密に言えば，それ自体には何の判断も含まれない．計算してさえもそれで決まるわけではない．「データは語る」とい

③臨床適用ⓐ臨床効果（二重盲検比較試験を含む有効率；[　] 内やや有効以上）：本態性高血圧症　63.4%(295/465)[84.7%(394/465)]，狭心症　49.1%(112/228)][74.1%(169/228)]，不整脈 64%(126/197)[77.7%(153/197)]．次の二重盲検比較試験で有用性が認められた：本態性高血圧症 (90–180mg/日，12週間及び60–120mg/日，12週間投与による二系統)，狭心症 (90mg/日，2週間投与)，不整脈 (30mg/日，1週間又は2週間投与) ⓑ副作用：4.7%(325/6,906) に，徐脈，血圧低下等の循環器症状 2.2%(149件)，悪心・嘔吐，食欲不振，上腹部不快感等の消化器症状 1.5%(10件)，めまい，ふらつき等の精神神経症状 0.9%(63件)，その他，息切れ，喘鳴，脱力感，疲労感，浮腫，心不全の悪化，房室ブロック，レイノー症状の発現等

図 9.1　臨床適用(『日本医薬品集』薬業時報社より)．われわれは「薬が効く」ことの定義について，あまりにも無知であることがわかる

う言い方には十分注意を向けなくてはならない.

だから, 統計データそのものを最後の科学的情報のように考えたり, それによって決まってしまうと考えることは誤っている. 人間を囲む世界はそれほど単純ではない. 多くの場合, このような「数字の一人歩き」は, 統計や統計学をよく知らないことから起こる.

## 9.2　分野知識の重要性

本当にその人にとって重要な問題であれば, 統計データの数字だけでなくそれがとられた背景を調べたり, あるいは自らおもむいて実地に経験し, その分野の経験者・体験者の経験・知識を元に「データを収集する」ことのほうが一般的方法である. 統計学の方から見て, 千差万別だが大きく参考になるそのような知識を「分野知識」(Domain Knowledge)という.「一般知識」という訳は, 適訳とは思われない.

例えば, 献身の象徴として美談の主に仕立てられたフローレンス・ナイチンゲールが歴史に残る偉業(職業としての看護)をなし得たのは, ほかでもない.

—現実のミス・ナイチンゲールは, 安易な想像力が描いたような女性ではなかった.
人当たりのいいところは少なかった.
彼女は生きているうちからもう伝説であり, 彼女自身それを心得ていた—

生まれは非常に裕福な貴族の「お嬢様」でありながら, 少女時代に宗教的使命に打たれ, 自らロシア対トルコのクリミア戦争(イギリスはトルコ側に参戦)の生き地獄のような野戦病院におもむきデータをほとんど無から事実を広く集めそれを蓄積し, ガンコな専門軍医を説得する武器にした.

—この手紙では, 自分を取り巻く恐ろしい光景を, 最も暗い色彩で描いてみせた, この手紙では, 忌まわしい真実を覆い隠すヴェールを, 容赦なく引き裂いてみせた. そのとき彼女は何枚もの紙一杯に, 提案や助言を書いた. 組織を細々とした点まで批判した. 不慮の事故を入念に予測した. 数字を挙げた徹底的な分析を, 息つかせぬ灼熱のこもった文章で広く積み上げて見せた―

―多くの偉大な活動家がそうであるように，おそらくすべての活動家がそうなのであろうが，彼女は要するに経験主義であった．彼女は目で見たものを信じ，それにしたがって行動した．その先へ進もうとはしなかった．

新鮮な空気と日光が自分の扱わねばならぬ病気の予防に有効であることを，彼女はスクタリ［野戦病院のある場所の地名］で知った．彼女にとってはそれだけで十分であった．それ以上追求しようとはしなかった．この事実の背後に横たわる一般原則が何であるかを，あるいはさらに何かそのような一般原則があるかどうかさえ，彼女は考えようとはしなかった―

既成の「統計理論」を知ってはいなかった．というより，そのような理論はまだない時代である．少女時代より数学が好きで，数字のメモ魔であった．それが宝で現場的な鋭い事実感覚は半端なものではなかった．以上は英国の伝記作家 L. ストレイチーのナイチンゲール伝によった．

どの時代でも，専門家は得てして頑固で視野が狭くモノを知らない．分野知識を生かすには，かえって専門の知識に終わらず，広く事実を見渡す統計的センスが欠かせないものである．

## 9.3　統計と実感

統計はかならずしも「実感」に合わない．統計は厳密な計算のルールにしたがって計算されるが，ルールはあくまで論理的で温かくも冷たくもなく，人間的な気持ちに左右されずただ一つの結果を一方的に出す．実感は人の気持ちであるから，最初から元がちがう．あるいは人の気持ちのルールが異なる．

そのことの説明なら次の例がよい．ふつうの人にとって 1 億円は 1000 万円の価値の何倍か．「価値」であろうとなんであろうと統計的(あるいは数学的)には 1 億は 1000 万の 10 倍だが，持ったことがなければ「正しい」答えはなく，実感がわかない．持ったことがあるとしても，「価値」は無数のいろいろなことがらに左右されるから，やはり正しい答えはいいようがない．あるいは，いう必要もないし考えたこともない．多くの例があるが，よくいわれるのは

①　経済量では，すでにふれたように

最頻値＜中央値＜平均値

となることがしばしばであるが，平均値は実感より相当に大きく，むしろ最も多数の最頻値が実感に近い．統計学ではこれら3通りの値とも，考え方の基準がことなるが，正しい値である．図5.1を今一度見ていただきたい．

どれを採用するかはその人次第であるが，「実感」は信用できないとするのは間違いである．国家の政策は平均値によっているが，最近は人の行動や実感を中心におく「行動経済学」も関心を呼んでいる．

②　消費者物価指数のように，非常に多くの要素から総合的に一つの値にまとめられた統計では，生活にかかわりのある限られた日用品が15%上がっても，指数はほとんど変わらないことが「実感に合わない」．この場合，物価指数とはそういうものだという理解が必要である．すなわち，逆にいえば，指数が上がることは非常に広い範囲の要素であがっていることを示すので，大きな変化である．「インフレ率2%」の目標も実現できていないことからも，日本全体がいかに停滞状態にあるかの証拠であろう．実感より深刻な事態もある．

## 9.4　統計の倫理とマーケティング：「あさま3号」事件の教訓

人を誤りに陥れることは自ら誤るよりも罪深い．書かれた人類最古(おおよそ2500年以上前)の倫理として旧約聖書にあるモーセの「十戒」の一つにも

「汝(なんじ)，隣人に対して偽証をなすべからず」

とあるが，誤ったデータとは誤った証拠である．日本に限ったことではないが，批判精神の低調な日本では野放しになっている感がある．

とりわけ新型コロナの問題でも，関係者やメディア報道には相当の問題があった．解説者が危険を煽っていることを認め，かつそれは許され役割として必要でもあると自認していた．以前の「大量破壊兵器がある」を思い出す．

**特急「あさま」3号の所要時間**　今は改善されたが，次の事件が思い出される．それほど深刻ではないが，広告，マーケティングにもかかわりがある点は現代的である．

1997 年 10 月に開通した長野新幹線(現在の長野経由北陸新幹線)「あさま」が 79 分で長野へ着くという言い方が問題になった．これに朝日新聞「声」欄でクレームがつき，JR が同欄で反論し，さらに同様なクレームが誇大広告として日本広告機構に持ち込まれた．問題の発端は JR の「東京＝長野，79 分・新幹線「あさま」10 月 1 日開業」という表示で，統計学的に調べてみる．

報道の写真では，東京駅構内の券売機あたりに高さ 3 メートル位で一見して駅案内表示のように堂々と立てられている．同じ頃同様の表現を JR 車内で「お知らせ」のように読んだ人も多い．ところが，79 分で到着するのは数多くある停車パターンの下り・上り 45 本の「あさま」中たった 1 本，3 号(下り)だけで，JR 時刻表によれば 10 時 20 分発 11 時 39 分着．551 号(下り)にいたっては 7 時 08 分発 9 時 04 分着でほぼ 2 時間，5 割増の所要時間は私鉄なら特急と各駅停車以上の開きである．在来線の信越線(現在の「しなの鉄道」ほか)と比べてみると何とローカル線の快速と同程度であった．

公平のためにいえば，中には 81 分というのもあり，ならせば平均 97 分となる．そこで平均 97 分の 45 個の数字(統計学ではサンプル)を，その最小値で表示してよいのか，という問題になる．統計理論からは最小値は代表値ではなく下へ偏った値で，正しく全体のデータの姿を伝えるものではない．

JR は，これは広告だから最良の値は許されるという言い分である．営利企業は最良部分で広告する以上，最良部分が全体であるとする(事実よりも主張やイメージ)ことがむしろ利益につながる．この問題は両者折り合わず，決定としては JR 側が勝った．負ければ「広告」「マーケティング」の考え方に大きな傷を負うことになったであろう．しかし，この問題もあって，以後「最速」が正しい表示となり現在に至っている．

統計学の基本精神である「公正」な真実に一歩近づき，AI の時代にあたってさしあたり良い解決で問題は終わったと思われる〈終〉．

お疲れさまでした．

# 【解説】序章「データを読もう」

## データA：長引く日本の「デフレ」

**「日本の慢性病」といわれている「デフレ」はなぜなのか**　日本は長く「デフレ」に陥ったままである．物価を見るいくつかのおもだった指数として，消費者物価指数CPI(家計にとって)，企業物価指数CGPI(企業にとって)，デフレータ(名目を実質に換算する物価上昇率)などの，下落の傾向にいっこうに変化の兆しがみえない．かつては退治すべきだった「インフレ」もいまや2%の「インフレ目標」になり，日銀は異次元金融緩和としてマネーサプライを増やしている．世界の主だった国は低インフレとはいえすでにデフレではないのに，なぜ日本だけが「日本の慢性病」といわれるように依然デフレなのか．経済学者のあいだで「デフレ論争」があるが，その中には「経済学の低迷」の声さえある．

**2001年3月16日「月例経済報告」**　西暦2000年(まだ前世紀だが)9.11で世界は震えたが，その半年後の新世紀を迎えた2001年のこの日は，日本で今も続く「穏やかなデフレ」というデフレ宣言がコッソリと出た日でもある．「コッソリ」ということは逆にそれが重大な意味を持ったからであることはいうまでもない．「月例経済報告」は日本政府の景気に関する公式見解を示す報告書で，経済財政政策担当大臣が関係閣僚会議に提出する．基本的に客観データに拘束されるが，政府に裁量の余地がある．本文の下あたりにあたかも知られたくないようにさりげなく「今月のトピック」とある内容である．

＜ポイント＞…「緩やかなデフレ」[注：原典ではタイトルではない]

1. 我が国において，消費者物価，国内卸売物価は，ともに弱含(弱含んで)んでいる．
2. デフレについては，これまで日本では，論者によって様々な定義が用いられてきたが，「持続的な物価下落」をデフレと定義すると，現在，日本経済は緩やかなデフレにある．

3. OECD の主要先進国の中で，物価下落が続いているのは我が国だけである．

データ図　我が国の消費者物価の推移，国内卸売物価の推移(前年同月比)
主要先進国の消費者物価の推移(略)
(備考)総務省「消費者物価指数」，日本銀行「卸売物価指数」，OECD「Main Economic Indicators」及び各国統計をもとに作成．

ここで「弱含(む)」とはもとは相場の用語で「下がり気味」の意味，「持続的」もいわゆる「サステイナブル」の訳ではなく，単に連続的にとか続いて，と考えてよい．また，消費者物価指数は市況の変動が激しい要素を除くため「生鮮食料品を除く総合」を採用する．

「日本はどうなるのか」という息苦しさの原因は，さしあたり人口問題でもSDGs の問題でもなく，この 30 年間もどっかりと腰をすえたデフレにある．経済学者は，これは経済の問題ではないかもしれないといっている．つまり，賢い日本国民はこの「日本病」の病根を断てば全く新しい再生をすることができるだろう．

## データ B：日頃の生活からⅠ：3 か月間で最もよく利用したファンデーションのブランド

表序-2 はこの 3 か月間で使用されたファンデーションの中で，一番よくお使いになったブランドについて聞いた設問である*．なお回答数が 25 以上の主要ブランド(プライベートブランド，その他のブランド，ブランド名が分からないものを除く)でのシェア(女性全体でのシェアが大きい順に並び変えている)を表している．

*出典：ビデオリサーチ ACR/ex 調査，2018 年，関東地区データ．

表序-2 をグラフに表してみよう．帯グラフに表したものが図序-2 である．なお商品名はイニシャルで表記している．

女性全体では，トップが「CF」で 17.0%，「PV」が 10.4%，「OB」が 10.2%，「CD」が 10.2% と続いている．トップブランドの「CF」も 20 代以降年齢が高くなるにつれてシェアが増えていくことがわかる．「CF」は 1960 年代の後半の発売以来，他の大手化粧品メーカーのブランドが高価格で売られている中，広告宣伝費を極力抑え低価格帯を実現するとともに，品質については使用している全成分表示をするなど，消費者との信頼を築いてきたことの結果の表れといえるであろう．

＜特化係数＞

アイスクリームの例と同様に，ファンデーションの結果を「特化係数」で表したのが表序-3 である．

例えば，「CM」の 10 代の特化係数は，10 代の「CM」のシェア ÷ 全体の「CM」のシェアで 37.0 ÷ 4.7=7.9 となる．

表序-3 にある性別・年代別の特化係数を棒グラフで表したのが図序-3 である．基準となる全体 1.0 に横線を引いている．これより上か下かで特徴を判断する．この図序-3 から，10-20 代は低価格帯(1,000 円程度)の「CM」が圧倒的，30 代は「MG」(3,000 円程度)「RK」(4,000 円程度)，40 代は「PV」(3,000 円程度)，50 代は「LD」(3,500 円程度)，60 代は「MD」(1,000 円程度) が特徴的なブランドとなっている．肌の変化と価格に合わせたブランドが年代の特徴となっていると言えるだろう．

## データ C：日頃の生活からⅡ：<br>3 か月間で最もよく食べたアイスクリーム

表序-4 は，この 3 か月間で食べたアイスクリームを食べた人に，1 番よく食べた商品を聞いた設問である*．なお回答数が 80 件以上の主要商品(プライベート商品，その他商品，商品名が分からないは除く)での構成比(シェア)を表している(全体でパーセントが大きい順に並び変えている)．

*出典：ビデオリサーチ ACR/ex 調査，2018 年，関東地区データ．

表序-4をグラフに表してみよう．帯グラフに表したのが図序-4である．なお商品名はイニシャルで表記している．

全体では，トップが「HD」で17.8%，「SC」も僅差で17.2%と続いている．「HD」は他の製品より値段が高めだが，アイスクリーム本場のアメリカの商品で，多数のフレーバー商品(素材や風味が違う商品)や季節限定商品がラインナップされ，人気商品となっている．続く「SC」は，濃厚なバニラ味によるプレミアム感と100円と手ごろな価格でお得感を与えており，1990年代初旬の発売以来のロングセラー商品となっている．また「HD」は年齢が上がるにつれシェアが増え，一方「SC」は年齢が上がるにつれてシェアが減っているのも特徴である．

＜特化係数＞

このアイスクリームの結果を「特化係数」で表したのが表序-5である．

例えば，男性の「HD」の特化係数は，男性の「HD」のシェア÷全体の「HD」のシェアで15.1÷17.1=0.8となる．この表を性別・年代別の特化係数を棒グラフで表したのが図序-5である．基準となる全体1.0に横線を引き，これより上か下かで特徴を判断する．

特化係数から，性別では，男性は「GG」，女性は「TO」．年代では，10-20代は「SC」「PK」，30代は「TO」「YD」，40代は大きな特徴はなく平均的，50代は「HD」「GC」，60代で「AB」が特筆して高く表れている．

## データD：日頃の生活からⅢ：3か月間で最もよく使用した解熱・鎮痛剤

表序-6はこの3か月間で使用された解熱・鎮痛剤の中で，一番よくお使いになった商品について聞いた設問になる*．なお回答数が10以上の主要ブランド(プライベート商品，その他の商品，商品名が分からないものを除く)でのシェア(男女全体でのシェアが大きい順に並び変えている)を表している．なお，同じ商品で複数のシリーズ(サブブランド)がある場合は一つの製品として括っている．

*出典：ビデオリサーチ ACR/ex 調査，2018 年，関東地区データ．

表序-6 をグラフに表してみよう．帯グラフに表したのが図序-6 である．

男女全体では，トップが「LN」で 32.6%，「BF」が 30.3%，「EV」がやや少なく 27.2% と続き，3 商品で全体の 9 割を占めている．残りの 1 割を 4 商品で占めている．「LN」は 10 代で 1 割弱だが，20 代で 3 割弱，30 代で 3 割を超え，40 代以降は 3 割半ば，「BF」は 30 代で 2 割弱だが，あまり年代差はなく，2 割後半から 3 割半ばの使用率となっている．

＜特化係数＞

この解熱・鎮痛剤の結果を「特化係数」で表したのが表序-7 である．

例えば，「SD」の 60 代の特化係数は，60 代の「SD」のシェア ÷ 全体の「SD」のシェアで 2.8÷1.3=2.2 となる．

この表序-7 を性別・年代別の特化係数を棒グラフで表したのが図序-7 である．基準となる全体 1.0 に横線を引いている．これより上か下かで特徴を判断する．特化係数から，「NS」「RI」で男女差があることがわかる．年代では，10 代では「LN」が低く，「NS」「SD」で高くなっている．20 代では「RI」，60 代では「SD」「RI」がその年代の特徴的な商品となっている．

## データ E：首都圏の鉄道交通の中心　山手線に見る変化
### 各駅の 1 日平均乗車者人数の変化

表序-8 は 2001 年以降 2017 年までの，山手線各駅の年度別の 1 日の平均乗車人数の時系列データである（山手線各駅 wikipedia の「年度別 1 日平均乗車人数」より）．

まず表序-8 を一部に注目し折れ線グラフに表したものが図序-8 である．東京駅，品川駅，秋葉原駅，大崎駅のいずれの駅も乗車人数の上昇傾向がみられます．一方で，渋谷駅は，2007 年以降下降傾向にあり，2013 年に一旦下げ止まり少し上昇するが，また翌年以降下げ続けている．

＜指数化＞

この山手線各駅の(1日の)乗車人数の時系列データを「指数化」したのが表序-9である．2001年(平成13年)を基準(これを100)として，それ以降の変化を表している．例えば，2017年の秋葉原駅の「指数化」は2017年の乗車人数250,251人/2001年の乗車人数137,045人で182.60となる．

この山手線の各駅の「指数化」をレーダーチャートに表したのが図序-9である．レーダーチャートが360度一周を示せるので，一周を表示するにまさに適している．基準年(100)と2017年の「指数化」のスコアを示す．2017年に大きく突出している駅が「大崎駅」で，続いて「秋葉原駅」「品川駅」「日暮里駅」「新大久保駅」となる．これに対して，極端に減少している駅はなく，大むね横ばい全体としては，おおむね微増である．日本全体の人口減少を考えると，首都圏集中が背後に伺われる．

もっとも，駅構造の有効キャパシティーの制約を数理的に考慮すべき計画学的発想もありうる．

＜発展＞

山手線は，もとは「山の手」の鉄道線を意味する．「山の手」とは都市近郊の高台新興住宅地域を指し，現在では山手線の西半分以西の一帯である．この部分が元になり環状に発展して営業運転が始まり(大阪環状線も同様)，「山手線」の通称がそのまま定着した．もともと言語上は「環状線」の意味はなく，鉄道法規上も「山手線」は存在しない．それどころか，環状も法的にはつぎはぎ(東北本線，東海道本線)である．元来，東京は江戸時代以来の伝統的隅田川両岸地域から始まり，次第に山手線東側地域(日比谷も元は入江)，さらにその中央内部(江戸時代の山手)，ついで「山の手」地域，そして中央線などを軸に23区以西に発展したものである．

対応する大阪環状線は大阪(梅田)の隣接諸駅を除いて全面的に減少傾向が見られる．

## データＦ：ワイン有名銘柄の成分データがわかる
### 箱ひげ図でデータを多面的に見る

＜箱ひげ図＞

データの散らばり（ばらつき）を「箱」と「ひげ」を用いて視覚的に表したものに「箱ひげ図」というのがある．データがまんべんなく散らばっているのか，一定の箇所に集中しているか，極端に外れた値はないかなど，データ全体の構造を確認することができる．この図は，1970 年アメリカのプリンストン大学およびベル研究所にいたジョン・テューキー教授が開発し，「探索的データ解析」という本の中で紹介した．テューキーは，まずはデータを見る，はじめに仮説ありきではなく，まずデータを多角的な視点から捉える．先入観を持ってデータを見るのではなく，様々な視点から断面を眺めることで気付きを得ることの大切さを訴えた．

箱ひげ図は次の図の形で表される．図中で５つの統計値を示している．

箱ひげ図の見方：五数でデータを要約（5 数要約）

最小値　［第1四分位点　第2四分位点（中央値）　第3四分位点］　最大値

データを小さい順に並べたときに，

箱：下から数えて 25％（第 1 四分位点）～75％（第 3 四分位点）のデータの‘真ん中’部分

ひげ：最小値（MIN）～25％点，75％点～最大値（MAX）

箱の中：中央値（第 2 四分位点）

なお，エクセルはタテ型，R ではヨコ型であるが，多くを示すときはヨコ型が便利である．

はずれ値（アウトライアー）：集団から外れている可能性がある値（除外されるとは限らない）
平均値は外れ値に影響を受けやすいことから，中央値に注目する．
なお，ときおり，平均値，外れ値も表示されることがある．

表序-10 の 3 種類（銘柄）のイタリアワインの「ポリフェノール」「プロリン」の含有量データを「箱ひげ図」で表したものが図序-10 である（Excel では「箱

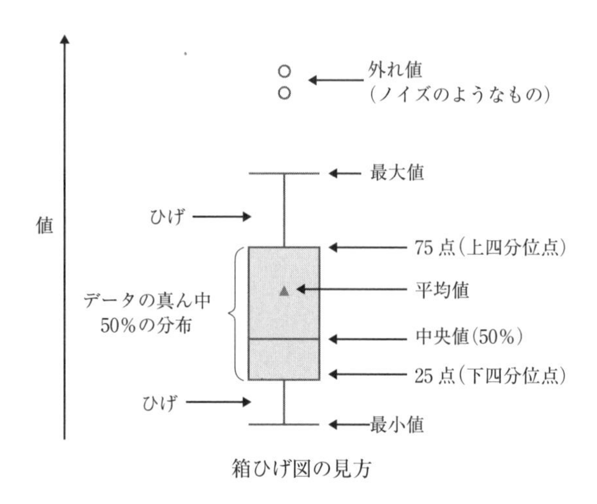


箱ひげ図の見方

ひげ図」の機能は 2016 以降). それぞれのワインでこの成分の含有量の中央値およびデータのばらつきも違いがあることが一目で分かることができる.

「箱ひげ図」による「5 数要約」を始め, 主要な統計データ(要約統計という)が表序-11 である.「ネッビオーロ」は「ポリフェノール」のばらつきは小さいが「プロリン」のばらつきが大きく, 反対に「バルベーラ」は「ポリフェノール」のばらつきは大きいが,「プロリン」のばらつきは小さい.「グリニョリーノ」はどちらともばらつきが小さいことが一目で分かる. また, 箱の位置が高さにおいて重ならないならば, その成分量で種類のちがいが判別できる.

## データ G：大気中二酸化炭素濃度の変動と地球温暖化

### 文明の慢性化した病は数年前に 400ppm を突破, これを抑え込めるか

#### 大気中の二酸化炭素の濃度上昇　温室効果による地球温暖化の警告

二酸化炭素 $CO_2$ は気体で理科では「炭酸ガス」として習う. ソーダ水の気体の泡も炭酸ガスである. 大気中には窒素 78%, 酸素 21%, あと 1%はアルゴン, 炭酸ガスの順で, 炭酸ガスの濃度は約 0.03%より少し多い. 1 万分の 3 は 100 万分の 300 で, 100 万分の 1 を ppm とあらわすと 300ppm となる. 現

在も少しずつ増加して最近400ppmが注目される．この少しずつの増加はなかなか気づかずかえって恐ろしい．しかも，増加速度自体が増加していることは傾きからも解る(図序-11)．

統計的に見ると産業革命以降次第に増加が加速し，今後も加速傾向が変わらないと，宇宙空間との熱のやり取りで炭酸ガスが地球からの放熱を妨げ，地球全体が温室に入ったのと同じことになる．これを「温室効果」という．もっとも温室効果の原因物質は炭酸ガスに限らずメタン$CH_4$，フロン$CF_4$などがある．炭酸ガスが「地球温暖化」の主な原因であることは確定しているといってよいが，地球温暖化自体を否定する向きも少数ながらあり，環境白書も注意して読むと微妙な言い回しになっている．

その影響は長期的に思いのほかじん大で，気候変動による生態系のバランスの崩壊(農業生産への被害)，南氷洋の氷が解けることによる海面上昇と陸の低地の水没消失(そこからの難民の発生，内戦)など，取り返しのつかない(不可逆の)大規模で広範囲の変化が，近未来に各方面で予想されている．

その化学記号$CO_2$からもわかるように，地球環境を炭素C(カーボン)の発生の影響から中立(ニュートラル)にする「カーボン・ニュートラル」政策が，炭酸ガスを放出する化石燃料(石油，石炭)の使用を産業面，生活面の両面で国際的に規制するなど合意されてきている．実際，発生は人間活動による方が，全生物の呼吸によるよりも多い．SDGsもその大きな動きの一つであるが，それでさえもはたして有効かはまだ分かっていない．むしろ，その跡を追うのも統計学のこれからの貢献といえよう．

## データH：社会調査の質問票の実例(定型2通り)
### 調査協力のお願い文(調査目的，プライバシー)および質問文例，コーディング

社会調査は車の運転のような免許や資格は要らずだれにでもできる．しかし，車の運転よりははるかに難しく，基礎知識や注意そして良識が必要とされる．それをわきまえない無遠慮な当事者本位の感覚の調査がこのインターネット時代に横行し，良き調査環境という「共有地」(公共財)を荒廃させている．

実施の当事者と回答者の良き協力関係は社会の宝なのである．そこで，その基礎的事項のほんの一端でも知っておくことは，データ同様あるいはそれ以上に重要であろう．

まず依頼文である，調査とは回答のお願いなのである．調査のイロハであり，無遠慮な「依頼」が飛び込んでくるインターネット時代に，このように丁寧なお願い文もだんだんめずらしくなってきている．こういう文章を書けない若人も多いだろう．それだけに，これは「定型」として必ず使う「始めのことば」である．この定型自体も崩れつつある．面接・郵便から電話へ，さらにインターネットへ移行しているからである．

なお，調査票および個票データは，調査に協力した回答者のデータそのもので，きわめて個人情報の要素が高く，特定されないように匿名加工が絶対の必要となる．「個票の厳秘・非公開」は現代社会の鉄則に近いもので，従来にもまして最近は意図的あるいは過失にかかわらず社会の制裁は厳しい．ただし，紙調査票の後退のもとで「個票」と「個票データ」のちがい，非公開の範囲などはあいまいな印象がある．個人情報保護法のもとでは，場合により刑事罰の適用もある．個票データには回答者の区別はサンプルNoやIDなどの数値(コード)のみとし，個人が特定されないように個人情報と切り離す必要がある．このことからもわかるように，調査とは人の心に入ってゆくことであるから，聞き方自体の心理的配慮が欠かせない．わからない，どちらでもないということを認めるのも一つの方法である．

## データI：適切なデータを意思決定支援のエビデンスとして利活用

### データサイエンスの最終目的は人間の意思決定支援(日本薬科大学大田祥子先生の例)

この研究は目的も明確でプレゼンテーションも良く注目に値する．

一般に「データによる価値創造」と抽象的に言われているが，価値はゼロから生まれない．価値は計算によって生まれるよりは「発見」されるもので，もともとデータの中にあったものである．したがって，データで何をしたいのか目的がはっきりすれば，データが目的を追求するための「エビデンス」として価値をもつ．

データ自体の由来や価値の検討がない，また最終目的もはっきりしない，つまり最初と最後がないいわば「逆キセル」である．

「ソサイエティー5.0」のデジタル技術はその点をよく考えてほしい．計算結果は目的の意思決定に翻訳されて，初めて計算の意義も出てきます．日本ではおそらく8割までがせっかくの労苦の結果も生かされず，棚に並べられ保管年限のあと廃棄処分となる．よくできたデータサイエンスはコンピュータも含めて最適費用で最大の目的を実現する「マンマシーン系」で，必ずしも大規模スケールのものではない．

## データJ：テストで能力がわかるか

### 人の能力を客観的にかつ公正に評価するテストは存在するか

大学入試の方法についての議論がかびすましい．学力テストは「テストで能力がわかるか」という根本的問いから始まる人間的な深い多様な問題で，そもそもそう性急に答が出せるものではない．メディアでは，テストをもっぱら受ける側の強い国民的関心から，「偏差値」とか「ゆとり教育」のように，社会的に論じる傾向が強いが，冷静に考えればそれだけでは十分ではないし場合によってはあまりにも危うい．

たとえば，単純に穴埋め式(選択肢)テストでは「考える力」が育たないから「記述式」がすぐれているなどと，どうして言えるのか．「客観テスト」といわれる選択肢式でも基礎知識をもとに考えさせる問題は十分に可能であるし，公正客観的な採点においてもすぐれている．記述式テストにもすぐれた点はあるが，それはさておき，大学入試では採点者を多数必要とすることから，採点者側の主観，能力と見識のばらつき，時間的制限などを考えると，実施する上で課題があまりに多すぎてうまくいかなかったのである．

(i)地理のように比較的採点の客観性が保たれやすい科目でも，教師個人の性格のちがいが大きい例で，データは一人の6年生の答案を557人の教師が採点した評点の分布である(米国の例)．開きの範囲は50点もあり，積み上げ方式によるテストが優れているのもこのような理由による．

(ⅱ)そこで，客観テストとはいうものの，テストの結果は安定したものでなければ，そのたびに当てっこゲームになってしまう．テストには何を測っているかの意義があるはずである．場合は全く異なるが運転免許試験における認知能力テストでは認知能力というように，「何をはかっているのか」である．かりに同一の人々に同じテストを，別々に繰り返しできたとしよう．各人の示す二つの成績がほぼおなじにならず，そのたびに大きく変わってしまうようなあやふやなテストでは，テストに対する信頼性が低くなるだろうし，受ける気にもならない．

ここで統計学の問題になる．「同じテスト」をどう作るかであるが，十分時間を空けて「再テスト」をする．平均点のほか，ばらつき(標準偏差)をそろえた「平行テスト」を作れれば一応よいだろう．それがむりなら，小問積み上げテストなら偶数，奇数番で(前半，後半は不可)二分する「折半法」がある．これなら問はだぶらずかつ基本は「同一」だろう．二分法の例で，折半して二つのテストを作ると確かにちがいが小さく同傾向で，相関係数も高い．係数から信頼性を知ることができる*.

* 専門的だが，小問数を半分にしたので10問に戻すために相関係数を修正した(スピアマン・ブラウンの公式)．

## データK：日本における自動車関連産業の業績の重さ

### 就業者数542万人は全就業者数6724万人の8.1%(JAMAまとめ)で12人に1人

友人のある大手自動車メーカーのデザイナーがかつて言うことには，「自動車会社って，自動車作るのはほんの一部だけなんですよ」とのこと．自動車産業(分類は輸送機器)の生産はエンジンとボディーだけで，あとは部品メーカーからの部品の組み立てである．鉄，非鉄金属，ガラス，ゴム，塗料，プラスチック，電子機器，電装部品，油脂・化学物質，繊維，紙，工作機械，出版(マニュアル)，金融保険商品などは，それらの各メーカー(納入元)からの納入である．逆に，自動車産業からの納入先は全産業部門および全家計や政府等あるいは輸出(これらは生産者でなく消費者)である．

だから，自動車産業の好調・不調，あるいは長期の興隆・衰退が，これらの産業部門間の需要と供給の連関を通して，日本の社会経済へ重大な影響を及ぼすことは必至である．輸出産業であるから，世界経済とりわけ世界需要と国際競争力，ひいては外国為替レートもその外的な原因として忘れることはできないだろう．

とりわけ，最近直面する一段と深刻な事態は想定以上に進む世界の電気自動車(EV)化と自動運転化である．いうまでもなく，国内自動車産業は世界の大勢にそう易々とついてゆくわけにはいかない．それはこれら広いすそ野の部品産業群を壊滅に追いやるからである．かといって，大勢に遅れれば世界の市場を失いかねない．メーカーごとに差はあるが，苦境への対応は進んでいる．

この観察を一例として，統計に基づく有用な一国経済モデルを紹介しよう．

＜産業連関表＞

「産業連関表」とは，ある地域において，1年間に産業・企業，政府，家計などの経済主体が行った，財貨(モノ)・サービスに関する取引を一覧表にまとめたものである．日本経済の状況を知ることができる．表の読み方へ行こう．

(1) タテ(列)方向(投入)：各産業部門が生産のために投入(購入)した生産費用の構成を表している．言いかえると，生産のために原材料をどこからどれだけ買ったのか，また新たに生まれた価値はいくらなのか，その内訳である(ここでは後半は省略)．

(2) ヨコ(行)方向(産出)：各産業部門が生産した商品の販路の構成を表している．いいかえると，生産物をどこへどれだけ売ったのか(販路構成)を表している(ここでは後半は省略)．

**乗用車の場合**

＜タテ(列)方向＞これでは何のことかよくわからない．自動車生産のケースに当ってみよう．乗用車の欄を縦に見ていく．プラスチック 371,978(単位：100万，以下同様)，ゴム製品 217,456 鋼材 540,755，…，自動車部品・同附属品 9,388,185 等の多数の原材料を使って自動車 15,988,340(国内生産額)を生産している．プラスチックをチェックすること．

ここで簡単な割合の計算から経済の数字に強くなれる．それぞれの金額を国内総生産額 15,988,340 で割った割合を「投入係数」といい，「自動車部品・同付属品」の「投入係数」は，

9,388,185 ／ 15,988,340≒0.5871　(58.71％)

また，乗用車生産の原材料・サービスなどの合計が生産全体に占める割合を「中間投入率」といい，

13,258,572 ／ 15,988,340≒0.8293　(82.93％)

である．したがって，17.07％が付加価値生産(ネットの生産)，いわば‘分配される利益’の割合である．

＜ヨコ(行)方向＞乗用車欄を横に見ていく(需要データは略)．生産した 15,988,340 のうち，ここにはないが民間消費に 5,372,068，輸出に 9,346,541 で，生産額に占める輸出の割合は

9,346,541 ／ 15,988,340≒0.5846　(58.46％)

であり，最も輸出の割合が多い産業部門(外貨の稼ぎ頭)である．実際全国内マイカー需要より大きく，9,346,541 ／ 5,372,068=1.74(倍)ある．

＜さらに発展＞

その他，ある産業部門に対して新たな最終需要(「新規需要」という)が 1 単位発生した場合に，その産業当該部門の生産のために，連関によって必要とされる(中間投入される)財・サービスの需要が増加し，各部門の生産が直接，間接にどれだけ発生するか，波及の大きさを示す係数が逆行列係数である．

自動車 ⇒ プラスチック ⇒ 化学製品 ⇒ 原油 ⇒ 海運業者 ⇒ 船員給与 ⇒ …という波及のチェーンになる．

「逆行列」という言い方は数学のものであまりこだわらなくてもよいが，需要の側から生産へさかのぼって考えている．逆行列係数は重要で，ある産業部門に新規需要が 1 単位発生した時，産業全体に例えば 1.795 倍の波及効果を生じさせると計算することができ，この大きさを「影響力係数」という．また逆にその部門が他の生産部門全体から受ける大きさを「感応度係数」といい，この 2 係数は一国の産業構成全体を導く上で政策的にも重要な指標となる．

## データL：安倍内閣支持 vs 共産党投票の決定要因重視度(比較)

社会調査(世論調査)の質問の結果はそれ自体が目的であるが，学問的にむしろ出発点で有意義なものが少なくない．一例を紹介する．

どのような理由から安倍内閣を支持するか，また共産党に投票するかなど客観的に分析して予測(予想)できる．質問は「憲法改正」や「経済状態」(景気)などの4問題への賛成反対(回答は5段階あるいは3段階)および安倍内閣を支持するか否か，また共産党に投票するか否かで，回答は「支持」あるいは「投票」を1，否を0とする．

単純な予想のルールなら，4質問の合計点数から予測曲線の高さを読む．右側(点数大)へ行けば行くほど1つまり支持あるいは投票に傾き，左側(点数小)へ行けば行くほど0つまり否の判断に傾く．ここで「傾く」というメリットはそう決断していなくても，程度はそれに近いことも表現できる点である．実際には4質問は平等ではなく重視の程度は異なるだろうから，点数合計は重視度ウェイトを付けた合計である．分析結果を見ると，まず共産党への投票理由では「憲法改正」反対がもっとも重視度が高い．これに対して，安倍内閣支持については，「経済状態」が悪いへの賛成が支持しない理由として最重視され，憲法改正問題などはむしろ理由としては微弱である．

*この予測曲線は専門用語で「ロジスティック曲線」という．いわゆる人工ニューラルネットワークの判断基本要素としても使われている．なお，合計点数のほかに1(支持，投票)あるいは0(否)への傾向の強さの程度を調整するために質問とは無関係の数(定数)を加えるが，ここでは挙げていない．さらに，「どちらでもない」も許すときにもこのことは必要になる．

## データM：粉飾決算データを統計的に検討する(大手電機メーカー)
### 売上げ水増しで，売上高-売上債権の関係が変化

### 売上高と売上債権の関係から不正会計を発見するきっかけに

税についても統計学の応用があっていいが，日本ではまだそれほどに進んではいない．税理士などの専門職はそれぞれ単一の数字には強いが，全体を見渡すまでの十分な余裕はないようである．しかしながら，全体としての数字の集

まりの傾向は自然にでてくるものであり，その傾向をおってゆくと「おや？」という変化の疑問が発生することはある．そう簡単ではないが，それが不正会計発見につながる可能性を見出すこともある．欧米では，会計に統計的な考え方が入るのはもう制度になっているが，日本への導入は会計原則の違いもあって反発や理解不足の要素が小さくない．

企業の財務諸表(貸借対照表，損益計算書)のデータを意図的に改ざんあるいは隠蔽し不正処理をすることを「不正会計」，ことに金融機関から融資を引き出すためなどに実際より良く見せることを「粉飾決算」という．税を逃れるために悪く見せることは逆の粉飾決算である．不正会計は巧妙に行われ，公認会計士でも見抜けないことも多い．また一度不正が行われるとつじつま合わせのために繰り返されることも少なくない．得意先に対する売上高のうち未回収代金を売上債権(売掛金，受取手形)というが，売上高が増えれば(減れば)売上債権も増える(減る)関係にある．売上を水増しすればこの関係(回転期間など)が変化するから，不正会計の発見のきっかけになる．ここでは回帰分析を行ってその関係の傾向およびその変化を見出すことになる．

巧妙な不正会計を数字の集まりの中から見出すのはいうまでもなく相当に大変な作業であるが，欧米諸国では統計学はもちろんそれこそ AI の活用も糸口として考えられている．といっても，いわば済んだデータからの後追いに限られ，さしあたりは現場での臨床的予測や警報には至っていない．

そこで，現段階の紹介として，ここに不正会計の跡があった，という統計的分析を紹介した．それほど多くはないが，いくつかの粉飾決算のまじめなケーススタディーも紹介されていた．ここに挙げたのは有名大手企業でありその財務データも公開されている．統計的分析も意義深いものである．

# あとがき

本書は「急がば回れ」，結局伸びるのは基礎を忘れないことという精神で書きました．日本には「山高きを以って貴しとせず，樹あるを以って貴しとす」とか，中国でも，朱子の『大学』(大きな学び)に「本(もと)ありて末あり」ということわざがあります．木は根や幹がなければ枝も葉もありません．一番よく知られているのは『論語』の「古きを温めて新しきを知る」，温故知新です．先人の知恵の積み重なりこそ回りまわって新しさの源泉なのです．

みなさんは何か先端的なことを知りたいとこの本をとって下さったと思います．先端にはいろいろな分野がありますが，その基礎は共通の部分が多く，基礎がしっかりとしていて初めて先端も大きく伸びるのです．最近は先端だけがフィーバーし，社会全体もそれを求めていますが，急ぎすぎではありませんか．

では統計学の基礎中の基礎とは何でしょうか．ちなみに，子に「統計学をどう思う？」と尋ねてみたところ，答は世の中を惑わせている統計が多い，とのこと．これが昔から変わらない統計学のイメージです．最近は社会全体で「真実」を大切にせず軽視する向きが多く，日本の将来を暗くしています．今，統計学のスピリットは「正しい」読み方，取り方です．

著者は非常に多くの人々から学び，とりわけ故松下嘉米男(研究者は惑わずに根本を追求せよ)，故水野欽司(データはとことん手で触ること)，故京極純一(日本の政治をしっかりと見抜くこと，ただし暖かい目で)の先生方には統計学の基本態度を学びました．スタンフォード留学中には，ことにH. チャーノフ，B. エフロンの二先生の指導と講義に統計学の学問精神を強烈に感じ，浅学の身に余る光栄でした．残る人生の時間でお返しをしたいものです．

最後に，私事ながら，かくまで長い研究者人生を支えてくれた妻松原真沙子，長男松原直路には深甚の感謝を表明いたします．

東京杉並にて

一著者　松原　望

# 参考文献

**【序章掲載データの出典】**

〔データA〕 吉川洋『デフレーション—“日本の慢性病”の全貌を解明する』日本経済新聞出版，2013
富山県統計調査課編『経済指標のかんどころ(2006年改訂23版)』富山県統計協会，2006
〔データB，C，D〕 ビデオリサーチACR/exデータより
〔データE〕 ウィキペディアデータより
〔データF〕 Rデータセットより
〔データG〕 世界気象機構WMOおよび気象庁HPより
〔データH〕 埼玉大学社会調査研究センターおよび朝日新聞(紙面にて公開)データより
〔データI〕 日本薬科大学 大田祥子先生のご厚意により
〔データJ〕 池田央『テストで能力がわかるか』日経新書，1978
E.G. カーマイン著(水野欽司・野嶋栄一郎 他訳)『テストの信頼性と妥当性(人間科学の統計学7)』朝倉書店，1983
肥田野直・瀬谷正敏・大川信明『心理教育　統計学』培風館，1961
〔データK〕 総務省データより
〔データL〕 安野智子「2013年参議院議員選挙における資産効果」，選挙研究，31巻1号，84-101，2015
〔データM〕 井端和男『最近の粉飾—その実態と発見法(第7版)』税務経理協会，2016

* * *

浅野耕太『統計分析』ミネルヴァ書房，2012
朝野熙彦『マーケティング・サイエンスのトップランナーたち—統計的予測とその実践事例』東京図書，2016
イアン・ハッキング著(石原英樹・重田園江訳)『偶然を飼いならす—統計学と第二次科学革命』木鐸社，1999
池田央『統計的方法Ｉ　基礎(社会科学・行動科学のための数学入門2)』新曜社，1976
猪口孝『データから読むアジアの幸福度—生活の質の国際比較』岩波書店，2014
植野真臣・荘島宏二郎『学習評価の新潮流(シリーズ行動計量の科学)』朝倉書店，2010
上藤一郎・森本栄一・常包昌宏・田浦元『調査と分析のための統計—社会・経済の

データサイエンス(第 2 版)』丸善出版，2013
上藤一郎・西川浩昭・朝倉真粧美・森本栄一『データサイエンス入門―Excel で学ぶ統計データの見方・使い方・集め方』オーム社，2018
奥村晴彦『R で楽しむ統計』共立出版，2016
尾崎幸謙・川端一光・山田剛史『R で学ぶマルチレベル―基本モデルの考え方と分析入門編』朝倉書店，2018
蒲島郁夫『戦後政治の軌跡―自民党システムの形成と変容』岩波書店，2014
鎌谷直之『実感と納得の統計学』羊土社，2006
金井雅之・渡邉大輔・小林盾『社会調査の応用―量的調査編：社会調査士 E・G 科目対応』弘文堂，2012
学校広報ソーシャルメディア活用勉強会編『これからの「教育」の話をしよう 6 教育改革×コロナ共生時代』インプレス R & D，2020
狩野裕編，浜田悦生『データサイエンスの基礎』講談社，2019
鹿又伸夫・野宮大志郎・長谷川計二編著『質的比較分析』ミネルヴァ書房，2001
岸野洋久『社会現象の統計学』朝倉書店，1992
北川源四郎・竹村彰通編『教養としてのデータサイエンス』講談社，2021
木下富雄『リスク・コミュニケーションの思想と技術』ナカニシヤ出版，2016
木村邦博『日常生活のクリティカル・シンキング―社会学的アプローチ』河出書房新社，2006
京極純一『日本の政治』東京大学出版会，1983
倉田博史・星野崇宏『入門統計解析』新世社，2009
小島寛之『完全独習　統計学入門』ダイヤモンド社，2006
小林敬子・松原望『数学の基本―やりなおしテキスト』ベレ出版，2007
桜井勝久『財務会計講義(第 20 版)』中央経済社，2019
塩澤友樹他「初等中等教育段階における児童・生徒の統計に関わる批判的思考の学年横断的な調査研究」『日本数学教育学会誌』102 巻 9 号，4-16，2020
繁桝算男・森敏昭・柳井晴夫『Q & A で知る統計データ解析―DOs and DON'Ts (第 2 版)』サイエンス社，2008
芝祐順・渡部洋『統計的方法 II　推測　増訂版(社会科学・行動科学のための数学入門 3)』新曜社，1984
John Haigh 著・木村邦博(訳)『確率―不確かさを扱う(サイエンス・パレット)』丸善出版，2015

John W. Tukey "The Future of Data Analysis", Ann. Math. Statis., 33(1), pp. 1-67, 1962

G.W. ボーンシュテット・D. ノーキ(海野道郎・中村隆訳)『社会統計学―社会調査のためのデータ分析入門』ハーベスト社，1992

鈴木督久『世論調査の真実(日経プレミアムシリーズ)』日本経済新聞出版，2021

盛山和夫『社会調査法入門(有斐閣ブックス)』有斐閣，2004

高橋伸夫『コア・テキスト　経営統計学』新世社，2015

竹内光悦・元治恵子・山口和範『図解入門ビジネスアンケート調査とデータ解析の仕組みがよ～くわかる本』秀和システム，2005

竹内光悦・酒折文武・宿久洋『実践ワークショップ Excel 徹底活用統計データ分析(基礎編)』秀和システム，2008

竹村和久『経済心理学―行動経済学の心理的基礎(心理学の世界　専門編)』培風館，2015

竹内啓『歴史と統計学―人・時代・思想』日本経済新聞出版，2018

竹村彰通：「1986 年度冬学期 経済学部基本科目「統計」講義ノート」東京大学，1986

千葉和義・真島秀行・仲矢史雄『サイエンスコミュニケーション―科学を伝える 5 つの技法』日本評論社，2007

堤未果『デジタル・ファシズム―日本の資産と主権が消える(NHK 出版新書 655)』NHK 出版，2021

角田弘子「持続可能な開発目標と市民意識」，『データ分析の理論と応用』Vol. 9, No. 1，49-61，2020

鄭躍軍・村上征勝・金明哲『データサインス入門』勉誠出版，2007

D. Freedman *et al.* "Statistics (Fourth Edition International Student Edition)", WW Norton & Company., 2007

照井伸彦『ビッグデータ統計解析入門 経済学部/経営学部で学ばない統計学』日本評論社，2018

電通メディアイノベーションラボ編『情報メディア白書 2020』ダイヤモンド社，2020

東京大学教養学部統計学教室編『統計学入門』東京大学出版会，1991

東京大学教養学部統計学教室編『人文・社会科学の統計学』東京大学出版会，1994

豊川裕之・柳井晴夫『統計学』現代数学社，1982
豊田秀樹『瀕死の統計学を救え！―有意性検定から「仮説が正しい確率」へ』朝倉書店，2020
永野裕之(岡田謙介監修)『統計学のための数学―この1冊で腑に落ちる』ダイヤモンド社，2015
西平重喜『統計調査法(新数学シリーズ8)』培風館，1985
南風原朝和『心理統計学の基礎―総合的理解のために(有斐閣アルマ)』有斐閣，2002
袰岩晶・篠原真子・篠原康正『PISA調査の解剖』東信堂，2019
林周二『基礎課程　統計および統計学』東京大学出版会，1988
林知己夫『データの科学』朝倉書店，2001
林知己夫編『社会調査ハンドブック』朝倉書店，2002
廣松毅(監修)・辻義行著『0歳からの経験と知性』武久出版，2021
V.M. ショーンベルガー他(斎藤栄一郎訳)『ビッグデータの正体』講談社，2013
星野崇宏『調査観察データの統計科学―因果推論・選択バイアス・データ融合(シリーズ確率と情報の科学)』岩波書店，2009
星野崇宏・上田雅夫『マーケティング・リサーチ入門(有斐閣アルマ)』有斐閣，2018
松下嘉米男『統計入門(第2版)』岩波書店，1981
松田映二「社会調査の課題―世論調査の現場から」，『社会と調査』(創刊号)，社会調査協会，2008
松原望『人間と社会を変えた9つの確率・統計学物語』SBクリエイティブ，2015
松原望(代表幹事)『データ科学の新領域(全3巻)』勁草書房，2023年刊行予定
松原望・松本渉『Excelではじめる社会調査データ分析』丸善出版，2011
松原望・飯田敬輔編(芝井清久他)『国際政治の数理・計量分析入門』東京大学出版会，2012
松原望・美添泰人・岩崎学・金明哲・竹村和久・林文・山岡和枝編『統計応用の百科事典』丸善出版，2011
松原望他『わかりやすい統計学　データサイエンス応用』丸善出版，2023年刊行予定
松本渉『社会調査の方法論』丸善出版，2021
松元新一郎『中学校数学科　統計指導を極める』明治図書出版，2013

水田正弘・馬場康維『グラフィックの実際』共立図書，1994
水野誠『マーケティングは進化する―クリエイティブな Maket＋ing の発想』同文舘出版，2014
宮原英夫・白鷹増男『医学統計学』朝倉書店，1992
村上征勝・田村義保編『パソコンによるデータ解析』朝倉書店，1988
山口和範『図解入門よくわかる統計解析の基本と仕組み』秀和システム，2003
安野智子編著『民意と社会』中央大学出版部，2016
安本美典『データサイエンスが解く邪馬台国』朝日新聞出版，2021
柳井晴夫・緒方裕光編著『SPSS による統計データ解析(改訂新版)』現代数学社，2020
芳沢光雄『「%」がわからない大学生―日本の数学教育の致命的欠陥』光文社新書，2019
吉野諒三・林文・山岡和枝『国際比較データの解析』朝倉書店，2010
L. ストレイチー(橋口稔訳)『ナイチンゲール伝』岩波文庫
涌井良幸・涌井貞美『統計処理―ポケットリファランス』技術評論社，2013
渡辺久哲『スペシャリストの調査・分析する技術』創元社，2011
渡辺美智子・椿広計編著『問題解決学としての統計学―すべての人に統計リテラシーを』日科技連出版社，2012

# 索　　引

### た 行



### な 行



### は 行



### ま 行



### や 行



### ら 行



### わ 行

わかりやすい統計学 データサイエンス基礎

令和 3 年 11 月 25 日 発 行

著作者 松 原 望
森 本 栄 一

発行者 池 田 和 博

発行所 丸善出版株式会社
〒101-0051 東京都千代田区神田神保町二丁目17番
編 集：電話 (03) 3512-3264／FAX (03) 3512-3272
営 業：電話 (03) 3512-3256／FAX (03) 3512-3270
https://www.maruzen-publishing.co.jp



組版印刷・製本／三美印刷株式会社

ISBN 978-4-621-30653-6 C 3041 Printed in Japan